施肥技术手册

北京市土肥工作站　编

中国农业大学出版社
·北京·

图书在版编目(CIP)数据

施肥技术手册/北京市土肥工作站编.—北京:中国农业大学出版社,2010.9

ISBN 978-7-5655-0085-5

Ⅰ.①施… Ⅱ.①北… Ⅲ.①施肥-技术手册 Ⅳ.①S147.2-62

中国版本图书馆 CIP 数据核字(2010)第 167738 号

书　　名	施肥技术手册		
作　　者	北京市土肥工作站　编		
策划编辑	赵　中	**责任编辑**	韩元凤
封面设计	郑　川	**责任校对**	王晓凤　陈　莹
出版发行	中国农业大学出版社		
社　　址	北京市海淀区圆明园西路 2 号	**邮政编码**	100193
电　　话	发行部 010-62818525,8625	读者服务部	010-62732336
	编辑部 010-62732617,2618	出　版　部	010-62733440
网　　址	http://www.cau.edu.cn/caup	**e-mail**	cbsszs@cau.edu.cn
经　　销	新华书店		
印　　刷	北京时代华都印刷有限公司		
版　　次	2010 年 9 月第 1 版　2012 年 2 月第 2 次印刷		
规　　格	850×1 168　32 开本　8.125 印张　200 千字		
定　　价	14.00 元		

总编审　赵永志

编　审　廖　洪　高启臣　贾小红　贺建德

主　编　王立平　李旭军

副主编　吴文强

编　者　（以姓氏笔画为序）

王胜涛　见翠芬　冯文清　曲明山

朱　文　刘　斌　刘立娟　刘唯一

李昌伟　李淑玲　张怀文　季　卫

金丽华　孟卫东　周向东　哈雪姣

赵　鲁　赵国龙　高　飞　高振新

梁金凤　崔良满　黄玖勤

序

按照国家实现现代化建设战略目标的总体部署，在2050年左右，北京要建设成为经济、社会、生态全面协调可持续发展的城市，进入世界城市行列。与国际先进性城市相比，北京在改善生态环境和提升资源环境综合承载能力方面的任务更加艰巨。世界城市的定位，使北京都市农业发展的前景更加广阔，同时也提出了巨大挑战，首都农村将成为建设宜居城市和低碳生态城市的重要战场；首都农业在确保社会发展与经济建设空间、生态安全、食品安全、应急保障、景观服务和农民增收等方面的作用更加显著，农业的基础地位将更加凸显。

肥料是最重要的农业生产资料之一，但是长期以来劣质肥料坑农害农事件时有发生，盲目施肥现象普遍，这些不仅威胁农产品质量安全，影响农作物产量和品质的提高，而且造成严重的环境污染，不利于农业可持续发展。在建设世界城市、发展都市农业的大背景下，转变施肥观念、推广科学施肥技术，将有力促进"优质、高产、高效、生态、安全"农业的发展。在农业生产中推广应用优质肥料产品，普及科学施肥技术，对于提高农作物单产，改善作物品质，保证农产品质量安全，降低生产成本，保证农业增效、农民持续增收具有重要的意义和作用，对于提高肥料利用率、减少肥料浪费、保护农业生态环境、实现农业可持续发展具有深远的影响。

北京市土肥工作站隶属北京市农业局，主要承担北京地区土壤肥料质量管理、土壤肥料检验检测和土壤肥料技术研究与示范推广工作。我们始终将推广科学施肥技术，促进农业增产、农民增收作为全市土肥系统的一项重要职责和光荣任务。为了增加农业科技人员和农民朋友的肥料基础知识，增强鉴别真假肥料的能力，提高科学施肥水平，北京市土肥工作站组织土肥系统的专家编写了《施肥技术手册》一书。本书内容包括肥料基础知识、测土配方施肥技术基础知识和北京郊区主要的粮经作物、蔬菜、果树的施肥技术，详细讲解了各类肥料的特点及鉴别、施用、贮藏方法，测土配方施肥技术的基本原理及方法，各种作物的需肥特点及施肥技术。本书内容新颖，简明扼要，实用性及可操作性强。我愿将此书推荐给广大农业科技人员和农民朋友，相信对于他们从事农业科学试验和农业生产具有一定的指导作用和参考价值；我也愿将此书推荐给广大肥料生产、经营者，相信此书将有助于他们根据农业发展方向适时调整产品配方，开展更具针对性的农化服务。并希望通过我们的共同努力，积极有效地推进北京都市型现代农业又好又快地发展，为把北京建设成为世界城市发挥我们应有的作用和做出更大的贡献。

北京市土肥工作站站长 赵永志

2010.8

前　言

施肥是一项技术性很强的农业技术措施，为了增加农业科技人员和农民朋友的肥料基础知识，增强鉴别真假肥料的能力，提高科学施肥水平，促进北京市的农业发展，北京市土肥工作站组织编写了《施肥技术手册》一书。本书内容包括肥料基础知识、测土配方施肥技术基础知识、粮经作物需肥特点及施肥技术、蔬菜作物需肥特点及施肥技术、果树需肥特点及施肥技术 5 个部分，详细讲解了各类肥料的性质特点、鉴别方法、施用方法、贮藏方法，测土配方施肥技术的基本原理和方法，各种作物的需肥特点和施肥技术。本书内容新颖，实用性及可操作性强，适于农业科技人员、农民朋友和肥料生产、经营者阅读。

由于时间仓促以及水平有限，书中难免有不足和错误之处，敬请读者批评指正。

编者

2010 年 9 月

目　录

第一章 肥料基础知识

第一节 氮　　肥

氮肥是指具有氮(N)标明量,并提供植物氮素营养的单元肥料。氮肥的主要作用:一是提高生物总量和经济产量。施用氮肥有明显的增产效果,在增加作物产量的作用中氮肥所占份额在磷肥(P)、钾肥(K)等肥料之上。二是改善农作物的营养价值,特别是能增加种子中蛋白质含量,提高食品的营养价值。

常用的氮肥品种可分为铵态、硝态、铵态硝态和酰胺态氮肥 4 种类型。各类氮肥主要品种为:铵态氮肥,有硫酸铵、氯化铵、碳酸氢铵、氨水和液体氨;硝态氮肥,有硝酸钠、硝为;铵态硝态氮肥,有硝酸铵、硝酸铵钙和硫硝酸铵;酰胺态氮肥,有尿素、氰氨化钙(石灰氮)。

合理施用氮肥要注意以下几点:

(1)根据各种氮肥特性加以区别对待。碳酸氢铵和氨水易挥发跑氨,宜作基肥深施;硝态氮肥在土壤中移动性强,肥效快,是旱田的良好追肥;一般水田作追肥可用铵态氮肥或尿素。有些肥料对种子有毒害,如尿素、碳酸氢铵、氨水、石灰氮等,不宜作种肥;硫酸铵等尽管可作种肥,但用量不宜过多,并且肥料与种子间最好有土壤隔离。在雨量偏少的干旱地区,硝态氮肥的淋失问题不突出,因此以施用硝态氮肥较合适,在多雨地区或降雨季节,以施用铵态氮肥和尿素较好。

(2)氮肥深施。氮肥深施可以减少肥料的直接挥发、随水流失、硝化脱氮等方面的损失。深层施肥还有利于根系发育，使根系深扎，扩大营养面积。

(3)合理配施其他肥料。氮肥与有机肥配合施用对夺取作物高产、稳产，降低成本具有重要作用，这样做不仅可以更好地满足作物对养分的需要，而且还可以培肥地力。氮肥与磷肥配合施用，可提高氮磷两种养分的利用效果，尤其在土壤肥力较低的土壤上，氮磷肥配合施用效果更好。在有效钾含量不足的土壤上，氮肥与钾肥配合使用，也能提高氮肥的效果。

(4)根据作物的目标产量和土壤的供氮能力，确定氮肥的合理用量，并且合理掌握底、追肥比例及施用时期。这要因具体作物而定，并与灌溉、耕作等栽培措施相结合。

一、碳酸氢铵

碳酸氢铵简称碳铵，含氮量17%左右，是固体氮肥中含氮量较低的品种。纯品为白色粉末状结晶体，有氨味，易分解，吸湿性强，易结块，较易溶于水。碳铵是一种不稳定的化合物，易分解为氨、二氧化碳，造成氮素损失。碳铵溶解度比其他固体氮肥小，但较易溶于水，为生理中性速效性氮肥。执行标准 GB 3559—2001(表 1-1)。

表 1-1　农业用碳酸氢铵的技术指标 %

项　目	碳酸氢铵			干碳酸氢铵
	优等品	一等品	合格品	
外观	白色或浅色结晶	白色或浅色结晶	白色或浅色结晶	白色或浅色结晶
氮(N)	≥17.2	≥17.1	≥16.8	≥17.5
水分(H_2O)	≤3.0	≤3.5	≤5.0	≤0.5

注：优等品和一等品必须含有添加剂，以保证碳酸氢铵具有良好的物理性能，使用方便。

(一)碳酸氢铵的鉴别

(1)看形状　碳酸氢铵为结晶小颗粒。

(2)看颜色　优等品和一等品的碳酸氢铵一般呈白颜色，部分合格品的碳酸氢铵呈微黄色，长效碳酸氢铵呈现灰色、灰白色等。

(3)闻气味　碳酸氢铵有特殊的刺鼻氨味。

(4)观察水溶性　利用白瓷碗或透明的玻璃杯，其中加入清水，向里面加入少量碳酸氢铵，搅拌，观察溶解情况，合格品的碳酸氢铵应该能溶解于水。

(5)检查 pH　利用 pH 广泛试纸(这种试纸比较便宜)检查溶解后的碳酸氢铵水溶液，pH 试纸应该呈现深蓝色或蓝黑色。

(6)铁片灼烧　将铁片烧红，取少量碳酸氢铵放在铁片上观察，没有熔融过程，直接分解，铁片上没有残留物，有强烈氨味的白烟。

(二)碳酸氢铵的施用

碳酸氢铵适用于各种作物和土壤，长期施用不会影响土质。

(1)作基肥　可沟施或穴施。若能结合耕翻深施，效果会更好。施用深度要大于 6 cm(沙质土壤可更深些)，且施入后要立即覆土，只有这样才能减少氮素的损失。

(2)作追肥　旱田可结合中耕，要深施 6 cm 以下，并立即覆土，还要及时浇水。水田要保持 3 cm 左右的浅水层，但不要过浅，否则容易伤根，施后要及时进行耕耙，以便使肥料被土壤很好地吸收。

碳酸氢铵施用中应注意以下几个问题：①不能与碱性肥料混合施用，以防止氨挥发，造成氮素损失。②土壤干旱或墒情不足时，不宜施用。③施用时勿与作物种子、根、茎、叶接触，以免灼伤植物。④不宜作种肥，否则可能影响种子发芽。⑤无论作基肥或追肥，切忌在土壤表面撒施，以防氮挥发，造成氮素损失或熏伤作物。追肥时不要在刚下雨后或者在露水还未干前撒施。

(三)碳酸氢铵的贮藏

碳酸氢铵在搬运过程中注意轻搬轻放,防止包装袋破裂。在运输与贮存中应注意防潮、防晒、防雨并贮于低温处,不能将产品堆放在日晒或环境潮湿的地方。

二、氯化铵

氯化铵含氮量 25%,纯品为白色或略带黄色的方形或八面体小结晶。从表面看与食盐非常相似。氯化铵吸湿性比硫酸铵大,比硝酸铵小,不易结块,易溶于水,为生理酸性速效氮肥,执行标准 GB 2946—1992(表 1-2)。

表 1-2 氯化铵的主要技术指标 %

项目	优等品	一等品	合格品
氮(N)(以干基计)	≥25.4	≥25.0	≥25.0
水分①	≤0.5	≤0.7	≤1.0
钠盐(以 Na 计)	≤0.8	≤1.0	≤1.4
粒度②(1.0～4.0 mm 颗粒)	≥75	—	—
松散度②③(孔径 5.0 mm)	≥75	—	—

注:①水分为出厂检验结果。结晶状产品必须添加防结块剂。②结晶状产品不控制粒度、松散度两项指标。③松散度为监督抽检项目。每 7 d 测定一次,均以出厂检验结果为准,但生产厂必须保证每批出厂产品合格。

(一)氯化铵的鉴别

(1)看形状　氯化铵为细小块状或结晶的小颗粒。

(2)看颜色　氯化铵一般呈白色或微黄色。

(3)闻气味　氯化铵一般没有气味,个别产品因为含有微量碳酸氢铵而有氨气味,但是氨味远弱于碳酸氢铵。

(4)观察溶解情况　利用白瓷碗或透明的玻璃杯,其中加入清水,加入少量氯化铵,搅拌,观察溶解情况,合格品的氯化铵应该能完全溶解于水中。

(5)测量 pH 将 pH 试纸插入氯化铵溶液中，试纸呈现微红色。

(6)铁片灼烧 把铁片烧红后，将少量氯化铵放在其上，能发现肥料迅速消失，放出白色浓烟，并能闻到氨味和盐酸味，融化完后铁板上无残烬。

(二)氯化铵的施用

氯化铵适于粮食作物等，也适于酸性土壤和石灰性土壤。

(1)作基肥 氯化铵作基肥施用后，应及时浇水，以便将肥料中的氯离子淋洗至土壤下层，减小对作物的不利影响。

(2)作追肥 适宜作追肥，作为追肥时要掌握小量多次的原则。

在施用中应注意以下几个问题：①不能用于烟草、甘蔗、甜菜、茶树、马铃薯等忌氯作物。西瓜、葡萄等作物也不易长期使用。②不能用于排水不利的盐碱地上，以防止加重土壤盐害。③氯化铵不适于干旱少雨地区，最适用于水田。④不宜用作种肥和秧田肥。因为氯化铵在土壤中会生成水溶性氯化物，影响种子的发芽和幼苗生长。

(三)氯化铵的贮藏

农用氯化铵在贮运过程中应保持干燥，避免雨淋受潮、阳光直晒，并避免与碱酸类物品存放一处。贮存时应注意保持仓库的通风干燥，阴凉低温。

三、硫酸铵

硫酸铵简称硫铵，含氮量 21%。纯品为白色晶体，含少量杂质时呈微黄色。易溶于水，吸湿性小，不易结块，物理性状良好，化学性质稳定，常温下无挥发，不分解。执行标准 GB 535—1995(表 1-3)。

表1-3 硫酸铵主要技术指标 %

项目	优等品	一等品	合格品
外观	白色结晶，无可见机械杂质	无可见机械杂质	无可见机械杂质
氮(N)(以干基计)	≥21.0	≥21.0	≥20.5
水分(H_2O)	≤0.2	≤0.3	≤1.0
游离酸(H_2SO_4)	≤0.03	≤0.05	≤0.2
铁(Fe)	≤0.007	—	—
砷(As)	≤0.000 05	—	—
重金属(以Pb计)	≤0.005	—	—
水不溶物	≤0.01	—	—

注：农业用硫酸铵可不检验铁、砷、重金属和水不溶物含量等指标。

(一)硫酸铵的鉴别

(1)看形状　硫酸铵为结晶小颗粒。

(2)看颜色　优等品的硫酸铵呈白色，一等品和合格品的硫酸铵可以为白色、灰色、粉红色等颜色。

(3)闻气味　硫酸铵基本上没有气味。

(4)观察溶解现象　利用玻璃杯或白瓷碗，向其中加入清水，然后取少量硫酸铵加入，搅动或摇晃，可以发现硫酸铵能完全溶解于水中。

(5)测量pH　将pH试纸插入硫酸铵溶液中，试纸呈现微红色。

(6)观察铁片灼烧现象　把铁片烧红后，将少量硫酸铵放在铁片上，能够发现肥料逐渐融化，并发出白色烟雾和刺鼻的氨味，融化完后铁板上留有残烬，但是不会发生燃烧现象。

(二)硫酸铵的施用

硫酸铵为生理酸性速效氮肥，一般比较适用于小麦、玉米、水稻、棉花、甘薯、麻类、果树、蔬菜等作物。对于土壤而言,硫酸铵最适于中性土壤和碱性土壤,而不适于酸性土壤。

(1)作基肥 硫酸铵作基肥时要深施覆土,以利于作物吸收。

(2)作追肥 这是最适宜的施用方法,根据不同土壤类型确定硫酸铵的追肥用量。对保水保肥性能差的土壤,要分期追肥,每次用量不宜过多;对保水保肥性能好的土壤,每次用量可适当多些。土壤水分多少也对肥效有较大的影响,特别是旱地,施用硫酸铵时一定要注意适时浇水。水田作追肥时,则应先排水落干,并且要注意结合耕耙同时施用。此外,不同作物施用硫酸铵时也存在明显的差异,如用于果树时,可开沟条施、环施或穴施。

(3)作种肥 硫酸铵对种子发芽无不良影响,可用作种肥。

硫酸铵施用时需注意以下问题:①不能将硫酸铵肥料与其他碱性肥料或碱性物质接触或混合施用,以防降低肥效。②不宜在同一块耕地上长期施用硫酸铵,否则土壤会变酸造成板结。如确需施用时,可适量配合施用一些石灰或有机肥。但必须注意硫酸铵和石灰不能混施,以防止硫酸铵分解,造成氮素损失。一般两者的配合施用要相隔 3~5 d。③硫酸铵不适于在酸性土壤上施用。

(三)硫酸铵的贮藏

硫酸铵在运输过程中应防潮和防包装袋破损,在贮存时应注意地面平整,库房内阴凉、通风干燥,严禁与石灰、水泥、草木灰等碱性物质接触或同库存放,包装袋堆置高度应小于 7 m。

四、尿素

尿素含氮量 46%,是目前固体氮肥中含氮量最高的品种。纯品为白色或略带黄色的结晶体或小颗粒,吸湿性较小,易溶于水,为生理中性氮肥,执行标准 GB 2440—2001(表 1-4)。

表 1-4 农业用尿素的技术指标 %

项目		优等品	一等品	合格品
外观		白色或浅色颗粒状	白色或浅色颗粒状	白色或浅色颗粒状
总氮(N)(以干基计)		≥46.4	≥46.2	≥46.0
缩二脲		≤0.9	≤1.0	≤1.5
水分		≤0.4	≤0.5	≤1.0
亚甲基二脲(以 HCHO 计)①		≤0.6	≤0.6	≤0.6
粒度②	0.85～2.80 mm 1.18～3.35 mm 2.00～4.75 mm 4.00～8.00 mm	≥93	≥90	≥90

注:①若在尿素生产工艺中不加甲醛,可不做亚甲基二脲含量的测定。②指标中粒度项只需符合四档中任一档即可,包装标识中应注明。

(一)尿素的鉴别

(1)看形状　尿素为颗粒状,分大颗粒和小颗粒两种。

(2)看颜色　尿素颗粒一般呈无色透明状,含有杂质的呈微黄色。

(3)闻气味　尿素本身没有任何气味。

(4)观察溶解情况　尿素很容易溶解于水,水溶液的 pH 呈中性。

(5)观察潮解情况　尿素很容易吸湿,放在空气中 12 h 以上,尿素颗粒就可能溶化。

(6)观察铁片灼烧　把铁片烧红后,将少量的尿素颗粒放在其上,肥料边融化边冒白烟,并放出刺激性氨味,融化后铁板上无残留物。

(二)尿素的施用

尿素养分含量较高,适用于各种土壤和多种作物,尿素适宜作基肥、追肥，最适合作追肥，特别是根外追肥效果好。

(1)作基肥、追肥　尿素施入土壤，只有在转化成碳酸氢铵后才能被作物大量吸收利用。由于存在转化的过程，因此肥效较慢，一般要提前4～6 d施用。同时还要求深施覆土，施后也不要立即灌水，以防氮素淋至深层，降低肥效。

(2)作根外追肥　作根外追肥时，尤其是叶面，对尿素中的营养成分吸收很快，利用率也高，增产效果明显。喷施尿素时，对浓度要求较为严格，一般禾本科作物的浓度为1.5%～2%，果树为0.5%左右，露地蔬菜为0.5%～1.5%，温室蔬菜为0.2%～0.3%。对于生长盛期的作物，或者是成年的果树，施用尿素的浓度可适当提高。

施用尿素应注意以下几个问题：①一般不直接作种肥。因为尿素中含有少量的缩二脲，缩二脲对种子的发芽和生长均有害。如果作种肥时，可将种子和尿素分开下地，切不可用尿素浸种或拌种。②当缩二脲含量高于0.5%时，不可用作根外追肥。③尿素转化成碳酸氢铵后，在石灰性土壤上易分解挥发，造成氮素损失，因此，要深施覆土。

(三)尿素的贮藏

尿素应贮存于场地平整、阴凉、通风干燥的仓库内，包装袋应堆放整齐，堆放高度应小于7 m。尿素运输和贮存过程中应注意防雨、防晒。

五、硝酸铵

硝酸铵简称硝铵，含氮量34%。纯品为白色或淡黄色球形颗粒状或结晶细粒状，含氮量高。其中铵态氮和硝态氮各占一半，兼有两种形态氮肥的特性。易溶于水，为生理中性速效性氮肥。因为具有吸湿性极强以及易燃、易爆等硝态氮肥的特性，因此常把硝铵归入硝态氮肥。执行标准GB 2945—1989(表1-5)。

表 1-5 农业用结晶状硝酸铵的技术指标 %

项目	优等品	一等品	合格品
总氮(以干基计)	≥34.6	≥34.6	≥34.6
游离水①	≤0.3	≤0.5	≤0.7
酸度	甲基橙指示剂不显红色		

注:①水分以出厂检验结果为准。

(一)硝酸铵的鉴别

(1)看形状 硝酸铵呈结晶状和颗粒状两种不同形态。

(2)看颜色 硝酸铵外观呈白色或浅黄色,没有肉眼可见的机械杂质。

(3)闻气味 硝酸铵如果保存得好应该没有任何气味。

(4)观察潮解情况 将少量硝酸铵放在干净的瓷碗里,观察潮解情况。如果天气潮湿,肥料会很快化成水;在湿度不大的情况下,存放 12 h 以上也可能化成水。

(5)观察溶解情况 利用无色透明的玻璃杯或白瓷碗,向其中加入清水,加入少量硝酸铵,进行搅动,能够发现硝酸铵很快溶解于水。

(6)观察 pH 将 pH 试纸插入硝酸铵溶液中,发现试纸变红,说明溶液呈微酸性。

(7)观察铁片灼烧反应 把铁片烧红后,将少量硝酸铵放在上面,能发现硝酸铵边燃烧边冒出白色烟雾,并放出刺激性氨味,融化后铁板上无残余物。

(二)硝酸铵的施用

硝酸铵适于多种类型土壤和作物。

(1)作追肥 硝酸铵可以作追肥。但不宜作基肥,因为硝酸铵施入土壤后,解离成的硝酸根离子容易随水分淋失。硝酸铵也不宜作种肥,因其养分含量较高,吸湿性强,与种子接触会影响发芽。

水田施用硝酸铵，氮素易淋失，肥效不如等氮量的其他氮肥，只相当于等氮量硫酸铵的50%～70%。硝酸铵最为适宜作追肥，而且最适用于旱田的追肥，用量可根据地力和产量指标来定。

硝酸铵施用应注意以下几点：①不能与酸性肥料（如过磷酸钙）和碱性肥料（如草木灰等）混合施用，以防降低肥效。②在施用时如遇结块，应轻轻地用木棍碾碎，不可猛砸，以防爆炸。

（三）硝酸铵的贮藏

（1）硝酸铵是炸药成分之一，应避免与金属性粉末、油类、有机物质、木屑等易燃、易爆的物品混合贮运。硝酸铵可装在清洁干燥有篷布或带有盖的交通工具内运输。

（2）硝酸铵不能与石灰氮、草木灰等碱性肥料混合贮存。仓库应保持通风干燥，防止受雨雪和地面湿气影响，同时避免阳光直射。

（3）在搬运和堆垛时，轻拿轻放，垛与垛、垛与墙之间应保持0.7～0.8 m，以利于热扩散。

第二节 磷 肥

磷肥是具有磷（P）的标明量，以提供植物磷养分为其主要功效的单元肥料。磷是组成细胞核、原生质的重要元素，是核酸及核苷酸的组成部分。作物体内磷脂、酶类和植素中均含有磷，磷参与构成生物膜及碳水化合物、含氮物质和脂肪的合成、分解和运转等代谢过程，是作物生长发育必不可少的养分。合理施用磷肥，可增加作物产量，改善产品品质，加速谷类作物分蘖，促进幼穗分化、灌浆和籽粒饱满，促进早熟；还能促使瓜类、茄果类蔬菜及果树等作物的花芽分化和开花结实，提高结果率，增加浆果、甜菜、西瓜等的糖分，薯类作物薯块中的淀粉含量，油料作物籽粒含油量以及豆科作物种子蛋白质含量；在栽种豆科绿肥时，施用适量的磷肥能明显提高绿肥鲜草产量，使根瘤菌固氮量增多，达到通常称之为"以磷增氮"的目的。此外，还能提高作物抗旱、抗寒和抗盐碱等抗逆性。

常用磷肥品种有水溶性磷肥、混溶性磷肥、枸溶性磷肥、难溶性磷肥，不同磷肥品种特性不同。

水溶性磷肥：主要有普通过磷酸钙、重过磷酸钙和磷铵（磷一铵、磷二铵），适合于各种土壤、各种作物，但最好用于中性或石灰性土壤。其中磷铵为氮磷二元复合肥料，最适在旱地施用，且磷含量高，在施用时，除豆科作物外，大多数作物直接施用必须配施氮肥，调整氮磷比例，否则会造成浪费或氮磷比例失调造成减产。

混溶性磷肥：指硝酸磷肥，也是一种氮磷二元复合肥料，最适宜在旱地施用，在水田和酸性土壤中施用易引起脱氮损失。

枸溶性磷肥：包括钙镁磷肥、磷酸氢钙、沉淀磷肥和钢渣磷肥。这类磷肥不溶于水，但在土壤中被弱酸溶解，然后被作物吸收利用，而在石灰性碱性土壤中，与土壤的钙结合，向难溶性的磷酸盐方向转化，降低磷的有效性，因此适用酸性土壤中施用。

难溶性磷肥：包括磷矿粉、骨粉等，只溶于强酸，不溶于水，施入土壤后，主要靠土壤中的酸使它慢慢溶解，才能变作物能利用的形态，肥效很慢，但是后效很长，适用于酸性土壤中作基肥，也可与有机肥料堆腐或与化学酸性、生理酸性肥料配合施用，效果较好。

合理施用磷肥品种要注意以下几点：

(1)根据土壤供磷能力，掌握合理的磷肥用量。土壤速效磷的含量是决定磷肥肥效的主要因素，一般土壤速效磷小于 5 mg/kg 时，为严重缺磷，氮磷肥施用比例应为 1∶1 左右。速效磷在 5～10 mg/kg 时，为中度缺磷，氮磷肥施用比例在 1∶0.5 左右。当速磷为 10～15 mg/kg 时，为轻度缺磷，可以少施或隔年施用磷肥。当速效磷大于 15 mg/kg 时，视为暂不缺磷，可以暂不施用磷肥。

(2)掌握磷肥在作物轮作中的合理分配。水田轮作时，如稻稻连作，在较缺磷的水田，早、晚稻磷肥的分配比例以 2∶1 为宜；在不太缺磷的水田，磷肥可全部施在早稻上。在水旱稻轮作时，磷肥应首先施于旱作。在旱地轮作时，由于冬、秋季温度低，土壤磷素释放少，而夏季温度高，土壤磷素释放多，故磷肥应重点用于秋播作物上。如小麦、玉米轮作时，磷肥主要投入在小麦上作基肥，玉米利用其后效。豆科作物与粮食作物轮作时，磷肥重施于豆科作物上，以促进其固氮作用，达到以磷增氮的目的。

(3)掌握合理施用方法。磷肥施入土壤后易被土壤固定，且磷肥在土壤中的移动性差，这些都是导致磷肥当季利用率低的原因。为提高其肥效，旱地可用开沟条施、刨窝穴施，水田可用蘸秧根、塞秧蔸等集中施用的方法。同时注意在基施时上下分层施用，以满足作物苗期和中后期对磷的需求。

(4)配合施用有机肥、氮肥、钾肥等。与有机肥堆沤后再施用，能显著地提高磷肥的肥效。但与氮肥、钾肥等配合施用时，应掌握合理的配比，具体比例要根据对土壤中 N、P、K 等的化验结果及作物的种类确定。

一、过磷酸钙

过磷酸钙简称普钙，有效磷含量差异很大，一般为 12%～18%，纯品为深灰色或灰白色粉末，稍有酸味，易吸湿、易结块，有腐蚀性，易溶于水，为酸性速效磷肥，是应用比较普遍的一种磷肥。实行生产许可证管理制度，执行标准 HG 2740—1995(表 1-6)。

(一)过磷酸钙的鉴别

(1)看形状　一般为粉末状，很少一部分为颗粒状。

(2)看颜色　一般呈现灰白色、深灰色、灰褐色和浅黄色。

(3)闻味道　用手指捻一捻肥料，手指感觉发涩。用鼻子闻时，能闻到过磷酸钙散发出酸味。

表 1-6　过磷酸钙的技术指标　　%

项　目	优等品	一等品	合格品	
			Ⅰ	Ⅱ
有效五氧化二磷(P_2O_5)	≥18.0	≥16.0	≥14.0	≥12.0
游离酸(以 P_2O_5 计)	≤5.0	≤5.5	≤5.5	≤5.5
水分(H_2O)	≤12.0	≤14.0	≤14.0	≤15.0

(4)观察溶解情况　向透明的玻璃杯或白瓷碗中加入清水，取少量过磷酸钙倒入，搅拌 1 min，然后静置 5 min，观察肥料的溶解情况，过磷酸钙肥料有一半能溶于水中，另有一半沉淀于杯底。

(5)检查 pH　取一张 pH 试纸，插入过磷酸钙上清液中，取出，检查 pH 试纸的颜色，过磷酸钙水溶液呈酸性，试纸变红色。

(6)在选购过磷酸钙时要注意查看包装袋上是否有生产许可证号，并尽可能选购正规企业的产品。

(二)过磷酸钙的施用

过磷酸钙适用于多种作物和多种土壤。可将它施在中性、石灰性缺磷土壤上，以防止固定。它既可以作基肥、追肥，又可以作种肥和根外追肥。

(1)作基肥　对缺少速效磷的土壤，每亩施用量可在 50 kg 左右，耕地之前均匀撒施一半，结合耕地作基肥。播种前，再均匀撒施另一半，结合整地浅施入土，做到分层施磷。这样，过磷酸钙的肥料效果就比较好，其有效成分的利用率也高。如与有机肥混合作基肥时，过磷酸钙的每亩施用量应在 20～25 kg。也可采用沟施、穴施等集中施用方法。

(2)作追肥　每亩的用量可控制在 20～30 kg，需要注意的是，一定要早施、深施，施到根系密集土层处。否则，过磷酸钙的效果就会不佳。若作种肥，过磷酸钙每亩用量应控制在 10 kg 左右。

(3)作根外追肥　适宜在作物开花前后叶面喷施过磷酸钙溶

液，喷施浓度为1%～3%。

过磷酸钙施用中应注意以下几个问题：①主要用在缺磷的地块，以利于发挥磷肥的增产潜力。②施用要适量，如果连年大量施用过磷酸钙，则会降低磷肥的效果。③不能与碱性肥料混合施用，以防酸碱中和降低肥效。④使用时过磷酸钙要碾碎过筛，否则会影响均匀度并会影响到肥料的效果。

（三）过磷酸钙的贮存

过磷酸钙在贮存和运输过程中应注意防潮、防晒和防包装袋破损。

二、重过磷酸钙

重过磷酸钙简称重钙，含有效磷40%～50%，是一种高浓度磷肥。纯品为浅灰色颗粒或粉末状，带有酸味，粉末状易吸湿，易结块，有腐蚀性，多制作成颗粒状，不易吸湿，不易结块。易溶于水，为酸性速溶磷肥。执行标准 HG/T 2219—1991（表1-7）。

表1-7　粒状重过磷酸钙的技术指标

项　目	优等品	一等品	合格品
总磷（P_2O_5）/%	≥47.0	≥44.0	≥40.0
有效磷（P_2O_5）/%	≥46.0	≥42.0	≥38.0
游离酸（以 P_2O_5 计）/%	≤4.5	≤5.0	≤5.0
游离水分/%	≤3.5	≤4.0	≤5.0
粒度（1.0～4.0 mm 颗粒）/%	≥90	≥90	≥85
颗粒平均抗压强度/N	≥12	≥10	≥8

（一）重过磷酸钙的鉴别

（1）看形状　有的为粉末状，有的为颗粒状。

（2）看颜色　一般呈现灰白色、深灰色、灰褐色或浅黄色。

（3）闻味道　用手指捻　捻肥料，手指感觉发涩。用鼻了闻时，能闻到过磷酸钙散发出的酸味。

(4)观察溶解情况　向透明的玻璃杯或白瓷碗中加入清水，取少量重过磷酸钙倒入，搅拌 1 min，静置 5 min，观察肥料的溶解情况，重过磷酸钙大部分能溶于水中，有一小部分沉淀于杯底(这是与普通过磷酸钙的差别)。

(5)检查 pH　取一张 pH 试纸，插入重过磷酸钙的上清液中，取出，检查 pH 试纸的颜色，水溶液呈酸性，试纸变为红色。

(二)重过磷酸钙的施用

重过磷酸钙易溶于水，为酸性速效磷肥。由于这种肥料施入土壤后，固定比较强烈，所以目前世界上生产量和使用量都比较少。

重过磷酸钙适用于各种作物和各类土壤。施用方法与过磷酸钙相同。由于重钙含磷量比较高，因而它的施用量比过磷酸钙要少。因为重过磷酸钙中不含具有硫成分的石膏，所以对喜硫作物如马铃薯、豆科及十字花科作物等的施用效果在等磷条件下不及过磷酸钙。

重过磷酸钙施用中应注意的问题与过磷酸钙相同。需要注意的是，重过磷酸钙不宜用来蘸秧根，也不宜用来拌种。对于酸性土壤而言，施用前几天最好普施一次石灰。

(三)重过磷酸钙的贮藏

重过磷酸钙在贮存和运输过程中，应注意防潮、防晒和包装袋破损。

三、钙镁磷肥

钙镁磷肥的外观为灰白、黑绿或棕色玻璃状细粉。由于产地不同，产品规格相差较大，一般磷(P_2O_5)的含量为 14%～20%，氧化钙(CaO)的含量为 25%～40%。是一种以含磷为主，同时含有钙、镁、硅等成分的多元肥料。钙镁磷肥不溶于水，无毒，无腐蚀性，不易吸湿，不易结块，为化学碱性肥料。实行生产许可证制度，执行标准 HG 2557—1994(表 1-8)。

表 1-8 钙镁磷肥的主要技术指标 %

项 目	优等品	一等品	合格品
有效五氧化二磷(P_2O_5)	≥18.0	≥15.0	≥12.0
水分	≤0.5	≤0.5	≤0.5
碱分(以 CaO 计)	≥45.0	—	—
可溶性硅(SiO_2)	≥20.0	—	—
有效镁(MgO)	≥12.0	—	—
细度(通过 250 μm 标准筛)	≥80	≥80	≥80

注:优等品中碱分、可溶性硅和有效镁含量如用户没有要求，生产厂可不做检验。

(一)钙镁磷肥的鉴别

(1)看形状 一般为粉末状。

(2)看颜色 一般为暗绿色、灰褐色、灰黑色、灰白色等。

(3)闻味道 没有任何味道。

(4)观察溶解情况 向透明的玻璃杯或白瓷碗中加入清水，取少量钙镁磷肥倒入，搅拌 1 min，静置 5 min，观察肥料的溶解情况，钙镁磷肥全部沉淀于杯底。

(5)检查 pH 取一张 pH 试纸，插入钙镁磷肥上清液中，取出检查 pH 试纸的颜色，钙镁磷肥的水溶液呈碱性，试纸变为蓝(紫)色。

(6)在选购钙镁磷肥时，应注意包装袋上是否标注生产许可证号，并尽可能选购正规企业的产品。

(二)钙镁磷肥的施用

钙镁磷肥广泛适用于各种作物和缺磷的酸性土壤，特别适用于南方钙镁淋溶较严重的酸性红壤。

(1)作基肥　最适合于作基肥深施,钙镁磷肥施入土壤后,其中磷只能被弱酸溶解,要经过一定的转化过程,才能被作物利用,所以肥效较慢,属缓效肥料。一般要结合深耕,将肥料均匀施入土壤,使它与土层混合,以利于溶解及作物的吸收。也可与10倍以上的优质有机肥混拌堆沤1个月以上,沤制好的肥料用作基肥(也可用作种肥、蘸秧根)。钙镁磷肥一般每亩用量要控制在15～20 kg,通常亩施钙镁磷肥35～40 kg时,可隔年施用。

(2)蘸秧根　南方水田可用来蘸秧根,每亩用量在10 kg左右,对秧苗无伤害,效果也比较好。

钙镁磷肥施用中应注意的事项:①钙镁磷肥与普钙、氮肥配合施用效果比较好,但不能与它们混施。②钙镁磷肥通常不能与酸性肥料混合施用,否则会降低肥料的效果。③钙镁磷肥最适合于对枸溶性磷吸收能力强的作物,如油菜、萝卜、豆科绿肥、豆科作物和瓜类等作物上。水稻田缺硅时,施用钙镁磷肥效果也好。

(三)钙镁磷肥的贮存

钙镁磷肥贮存时应保持仓库的阴凉、通风干燥,堆置高度应小于7 m。

第三节　钾　肥

钾肥指具有钾(K)标明量的单元肥料,是植物营养三要素之一。与氮、磷元素不同,钾在植物体内呈离子态,具有高度的渗透性、流动性和再利用的特点。钾在植物体中对60多种酶体系的活化起着关键作用,对光合作用也起着积极的作用。钾素营养好的植物,能调节单位叶面的气孔数和气孔大小,促进二氧化碳(CO_2)和来自叶组织的氧(O_2)的交换;供钾量充足,能加快作物导管和筛管的运输速率,并促进作物的多种代谢过程。

钾元素被称为“品质元素”。它对作物产品质量的作用主要有:①能促进作物较好地利用氮,增加蛋白质的含量;②使核仁、种子、水果和块茎、块根增大,形状和色泽美观;③提高油料作物的含油量,增加果实中维生素C的含量;④加速水果、蔬菜和其他作物的成熟,使成熟期趋于一致;⑤增强产品抗碰伤和自然腐烂能力,延长贮运期限;⑥增加棉花、麻类作物纤维的强度、长度和细度及色泽纯度;⑦钾还可以提高作物抗逆性,如抗旱、抗寒、抗倒伏、抗病虫害侵蚀的能力。

钾肥的品种较少,常用的只有氯化钾和硫酸钾,其次是钾镁肥。草木灰中含有较多的钾,常把草木灰当作钾肥施用。另外,还将少量窑灰钾作为钾肥施用。

要掌握钾肥的正确施用方法,应注意以下4个方面:

(1)因土施用　钾肥应首先投放在土壤严重缺钾的区域。一般土壤速效钾低于80 mg/kg时,钾肥效果明显,要增施钾肥;土壤速效钾在80～120 mg/kg时,暂不施钾。从土壤质地看,沙质土壤速效钾含量往往较低,应增施钾肥。黏质土壤速效钾含量往往较高,可少施或不施。缺钾又缺硫的土壤可施硫酸钾,盐碱地不宜施氯化钾。在多雨地区或具有灌溉条件,排水状况良好的地区大多数作物都可施用氯化钾。

(2)因作物施用　施于喜钾作物如豆科作物、薯类作物、甘蔗、棉麻、烟等经济作物,以及禾谷类的玉米、杂交水稻等。在多雨地区或具有灌溉条件,排水状况良好的地区,大多数作物都可施用氯化钾,少数经济作物为改善品质,不宜施用氯化钾。应根据农业生产对产品性状的要求及其用途决定钾肥的合理施用。

(3)注意轮作施钾　在冬小麦、夏玉米轮作中,钾肥应优先施在玉米上。

(4)注意钾肥品种之间的合理搭配　对于烟草、糖类作物、果树应选用硫酸钾为好;对于纤维作物,氯化钾则比较适宜。由于硫酸钾成本偏高,在高效经济作物上可以选用硫酸钾;而对于一般的大田作物除少数对氯敏感的作物外,则宜用较便宜的氯化钾。

一、氯化钾

氯化钾含 K_2O 60%,纯品为白色、淡黄色、砖红色的结晶体。易溶于水,在水中的溶解度随着温度的升高不断增加。氯化钾呈现化学中性,生理酸性,为速效性钾肥。执行标准 GB 6549—1996(表 1-9)。

表 1-9 农业用氯化钾的技术指标 %

项 目	优等品	一等品	合格品
氧化钾(K_2O)(以干基计)	≥60	≥57	≥54
水分(H_2O)	≤6	≤6	≤6

(一)氯化钾的鉴别

(1)看外观 氯化钾为结晶体。

(2)看颜色 氯化钾有红色和白色两种,个别的氯化钾呈灰白色或浅黄色。

(3)观察水溶性 进行水溶性试验,观察溶解情况,氯化钾很容易溶解于水。

(4)观察吸湿性 在潮湿的天气条件下,将少量的氯化钾肥料放于碗中并暴露在空气中过夜,第 2 天早晨发现氯化钾已经化成水。

(5)测量 pH 将 pH 试纸插入氯化钾水溶液中,溶液成中性或微酸性,试纸颜色基本不变或微变红(这是区分氯化钾和硫酸钾的方法之一)。

(6)观察灼烧火焰的颜色 将少许氯化钾放在铁片上,将铁片倾斜,使肥料在酒精灯(或火)上燃烧,能观察到紫色火焰。

(二)氯化钾的施用

氯化钾适用于缺钾土壤及大田作物,也适用于中性石灰性缺钾土壤。

(1)作基肥、追肥　当用作基肥时,通常要在播种前 10～15 d,结合耕地将氯化钾施入土壤中。用作追肥时,一般要求在苗长大后再追施。施用时要掌握钾肥经济效益最大时的施用量,一般每亩的施用量控制在 7.5～10 kg。对于保肥、保水能力比较差的沙性土,则要遵循少量多次施用的原则。氯化钾无论用作基肥还是用作追肥,都应提早施用,以利于通过雨水或利用灌溉水,将氯离子淋洗至土壤下层,清除或减轻氯离子对作物的危害。氯化钾不宜作种肥,因为氯化钾肥料中含有大量的氯离子,会影响种子的发芽和幼苗的生长。

(2)氯化钾不宜用在"忌氯作物"上　在对氯敏感的作物上不宜施用,如烟草、甜菜、甘蔗、甘薯、马铃薯、葡萄、果树、茶树等。

施用氯化钾肥料时应注意的事项:①氯化钾与氮肥、磷肥配合施用,可以更好地发挥其肥效。②透水性差的盐碱地不宜施用氯化钾,否则会增加对土壤的盐害。③沙性土壤施用氯化钾时,要配合施用有机肥。④酸性土壤一般不宜施用氯化钾,如要施用,可配合施用石灰和有机肥。

(三)氯化钾的贮存

在氯化钾的贮存和运输过程中,应防止受潮和包装袋的破损。

二、硫酸钾

硫酸钾含 K_2O 50%。白色或带灰黄色的结晶体,易溶于水,溶解度随温度上升而增大。吸湿性较低,不易结块,物理性状优于氯化钾。硫酸钾为化学中性、生理酸性肥料。执行标准 GB 20406—2006(表 1-10)。

表 1-10 农业用硫酸钾技术指标 %

项目	粉末状结晶			颗粒状		
	优等品	一等品	合格品	优等品	一等品	合格品
氧化钾(K_2O)	≥50.0	≥50.0	≥45.0	≥50.0	≥50.0	≥40.0
氯(Cl)	≤1.0	≤1.5	≤2.0	≤1.0	≤1.5	≤2.0
水分	≤0.5	≤1.5	≤3.0	≤0.5	≤1.5	≤3.0
游离酸(H_2SO_4)	≤1.0	≤1.5	≤2.0	≤1.0	≤1.5	≤2.0
粒度(粒径 1.00～4.75 mm 或 3.35～5.60 mm)	—	—	—	≥90	≥90	≥90

(一)硫酸钾的鉴别

(1)看外观　硫酸钾为结晶体形状。

(2)看颜色　硫酸钾一般呈现白颜色,也有的呈灰黄色、灰绿色或浅棕色。

(3)观察吸湿性　硫酸钾基本没有吸湿性,即使空气的湿度超过70%,硫酸钾仍然保持原来的性状(这是氯化钾和硫酸钾主要区别)。

(4)观察溶解情况　硫酸钾能够溶解,但溶解的速度比氯化钾慢,溶解的量也较氯化钾小(这是氯化钾和硫酸钾区别之一)。

(5)观察火焰的颜色　利用氯化钾一节中介绍的方法,观察硫酸钾的火焰颜色,硫酸钾在灼烧时有钾离子特有的紫色火焰。

(6)测量溶液 pH　将 pH 试纸插入硫酸钾水溶液中,优等品和一等品的硫酸钾溶液呈酸性,纸条颜色为红色;合格品的硫酸钾溶液呈碱性,纸条颜色为蓝色(这是区分氯化钾和硫酸钾的区别之一)。

(二)硫酸钾的施用

硫酸钾广泛适用于各类土壤和各种作物,特别是对氯敏感的作物。

(1)作基肥　旱田用硫酸钾作基肥时,一定要深施覆土,以减少钾的晶体固定,并利于作物根系吸收,提高利用率。

(2)作追肥　由于钾在土壤中移动性较小,应集中条施或穴施到根系较密集的土层,以促进吸收。沙性土壤常缺钾,宜作追肥以免淋失。

(3)作种肥和根外追肥　作种肥亩用量1.5～2.5 kg,也可配制成0.2%～0.3%的溶液,作根外追肥。

施用硫酸钾主要应注意以下3个问题:①对于水田等还原性较强的土壤,硫酸钾不及氯化钾,主要是易产生硫化氢毒害。酸性土壤宜配合施用石灰。②硫酸钾价格比较贵,在一般情况下,除对氯敏感的作物外,能用氯化钾的就可以不用硫酸钾。③对十字花科作物和大蒜等需硫较多的作物,效果较好,应优先调配使用。

(三)硫酸钾的贮藏

在硫酸钾运输和贮存过程中,应防止受潮和包装袋的破损。

第四节　中量元素肥料

中量元素肥料是指硅、钙、镁、硫肥,中量元素是作物生长过程中需要量次于氮、磷、钾而高于微量元素的营养元素,占作物体的0.1%～0.5%。这些元素在土壤中存量较多,同时在施用大量元素时能够得到补充,一般情况下可满足作物的需求。但随着氮磷钾高浓度而不含中量元素化肥的大量施用,以及有机肥投入的减少,近年来在一些土壤和作物上中量元素缺乏的现象逐渐增加。应根据作物种类和土壤条件和环境等因素的不同合理施用不同中量元素肥料。

一、钙肥

(一)含钙肥料的成分及性质

作物吸收钙的数量小于钾大于镁,钙的主要营养功能是能够稳定细胞膜结构,保持细胞的完整性,有助于生物膜有选择性地吸收离子,稳固细胞壁,促进细胞伸长,增强植物对环境胁迫的抗逆能力,防止植物早衰,提高作物品质,促进根系生长。植物缺钙生长受阻,节间较短,较一般正常生长的植株矮小,而且组织柔软。缺钙植株的顶芽、侧芽、根尖等分生组织首先出现缺素症,易腐烂死亡,幼叶卷曲畸形,叶缘开始变黄并逐渐坏死。缺钙使甘蓝、白菜和莴苣等出现叶焦病,番茄、辣椒、西瓜等出现脐腐病,苹果出现苦痘病和水心病。施用钙肥可以补充土壤中的钙,调节土壤理化性质,改良土壤。

钙肥的主要品种有石灰、石膏、普通过磷酸钙、重过磷酸钙、钙镁磷肥等(表1-11)。

(二)钙肥的施用方法

1.石灰的施用方法

石灰可分为生石灰、熟石灰和石灰石粉,属强碱性。土壤施用石灰除补充作物钙外,对酸性土壤能调节土壤酸碱程度,改善土壤结构,促进土壤有益微生物的活动,加速有机质分解和养分释放;能减轻土壤中铁、铝离子对磷的固定,提高磷的有效性;石灰能杀死土壤中病菌和虫卵以及消灭杂草。石灰主要用于酸性土壤,可以作基肥,亦可以作追肥。

(1)作基肥　结合整地将石灰与农家肥一起施入,也可以结合绿肥压青和稻草还田进行。水稻秧田一般亩施15～25 kg,本田亩施50～100 kg,旱地亩施基肥25～50 kg,用于改土亩施150～250 kg。

表 1-11　主要含钙肥料及性质　%

品　种	氧化钙	其他成分
生石灰(石灰石烧制)	84.0～96.0	
生石灰(牡蛎、蚌壳烧制)	50.0～53.0	
生石灰(白云岩烧制)	26.0～58.0	氧化镁(MgO)10～14
熟石灰(消石灰)	64.0～75.0	
石灰石粉(石灰石粉碎)	45.0～56.0	
生石膏(变通石膏)	26.0～32.6	硫(S)15～18
熟石膏(雪花石膏)	35.0～38.0	硫(S)20～22
磷石膏	20.8	磷(P_2O_5)0.7～3.7 硫(S)10～13
普通过磷酸钙	16.5～28.0	磷(P_2O_5)12～20
重过磷酸钙	19.6～20.0	磷(P_2O_5)40～54
钙镁磷肥	25.0～30.0	磷(P_2O_5)14～20 氧化镁(MgO)15～18
钢渣磷肥	35.0～50.0	磷(P_2O_5)5～20
粉煤灰	2.5～46.0	磷(P_2O_5)0.1 钾(K_2O)1.2
草木灰	0.9～25.2	磷(P_2O_5)1.57(N)0.93
骨　粉	26.0～27.0	磷(P_2O_5)20～35
氯化钙	47.3	
硝酸钙	26.6～34.2	氮(N)12～17
石灰氮	54.0	氮(N)20～21

(2)作追肥　基肥未施石灰的可在作物生育期间追施，水稻可结合中耕亩施 25 kg 左右，旱地可以条施或穴施，亩施 15 kg 为宜。

施用石灰应注意几点：首先石灰不宜使用过量，否则会加速有机质大量分解，使土壤肥力下降，并易引起土壤板结和结构破坏；其次石灰呈碱性，应施用均匀，以防止局部土壤碱性过大，影响作物生长，应避免与种子或根系接触；其三对小麦、大麦等不耐酸的作物可适当多施，豆类、甜菜、水稻等中等耐酸作物可以少施，马铃薯、烟草、茶树等耐酸强作物，可以不施。石灰残效期2～3年，一次施用量较多时，不要年年施用。

2.石膏的施用方法

农用石膏有生石膏、熟石膏和磷石膏3种，呈酸性。主要用于碱性土壤，消除土壤碱性，收到改土和供给作物钙、硫营养的作用。

石膏可以作基肥、作追肥，也可以作种肥等。作为改碱施用宜作基肥，一般在土壤pH 9以上，含有碳酸钠的碱土中施用石膏，亩施100～200 kg，结合灌排深翻入土，后效长，不必年年都施。为提高改土效果应与种植绿肥或与农家肥和磷肥配合施用。作为钙、硫营养施用时，水田作基肥或追肥亩用量5～10 kg，蘸秧根亩用量3 kg左右。旱地撒施于土表，再结合翻耕作基肥，基施亩用量15～25 kg，也可以作为种肥条施或穴施，作种肥亩施4～5 kg。

二、镁肥

（一）含镁肥料的成分及性质

镁对植物代谢和生长发育具有很重要的作用，主要作用在植物叶绿素合成、光合作用、蛋白质合成、酶的活化中。不同植物含镁量不同，豆科植物地上部分的含镁量是禾本科的2～3倍。植株缺镁叶绿素含量下降，出现失绿症，植株矮小，生长缓慢。双子叶植物缺镁叶脉间失绿，并逐渐由淡绿色转变为黄色或白色，还会出现大小不一的褐色或紫红色斑点或条纹，严重时出现叶片坏死。禾本科植物缺镁，叶基部叶绿素积累出现暗绿色斑点，其余部分淡黄色，严重时叶片退色而有条纹，特别典型是叶尖出现坏死斑点。缺镁首先表现在老叶上，得不到补充则发展到新叶。

镁肥的主要品种有硫酸镁、氯化镁、钙镁磷肥等（表1-12）。

表 1-12　主要含镁肥料及性质　%

肥料名称	主要成分	含镁量
硫酸镁	$MgSO_4 \cdot 7H_2O$	9.6～9.8
氯化镁	$MgCl_2$	25.6
碳酸镁	$MgCO_3$	28.8
硝酸镁	$Mg(NO_3)_2$	16.4
氧化镁	MgO	55.0
钾镁肥	$MgSO_4 \cdot K_2SO_4$	7～8
硫酸钾镁	$K_2SO_4 \cdot 2MgSO_4$	11.2
白云石粉	$CaCO_3 \cdot MgCO_3$	11～13
光卤石	$KCl_2 \cdot MgCl_2 \cdot 6H_2O$	8.7

(二)镁肥的施用方法

(1)作基肥、追肥　作基肥要在耕地前与其他化肥或有机肥混合撒施或掺细土后单独撒施。作追肥要早施,采用沟施或兑水冲施。每亩硫酸镁的适宜用量为 10～13 kg,折纯镁为每亩 1～1.5 kg;一次施足后,可隔几茬作物再施,不必每季作物都施。

(2)叶面喷施　在作物生长前期、中期进行叶面喷施。不同作物及同一作物的不同生育时期要求喷施的浓度往往不同,一般硫酸镁水溶液喷施浓度果树为 0.5%～1.0%,蔬菜为 0.2%～0.5%,大田作物如水稻、棉花、玉米为 0.3%～0.8%,镁肥溶液喷施量为每亩 50～150 kg。

镁肥施用注意事项:①镁肥要用于缺镁的土壤。一般认为高度淋溶的土壤,pH<6.5 的酸性土壤,有机质含量低,阳离子代换量低,保肥性能差的土壤易缺镁。另外,因施肥不合理,长期过量施用氮肥、钾肥、钙肥的土壤,也会因离子间的拮抗而出现缺镁。②镁肥要用于需镁较多的作物,需镁较多的作物一是经济作物,如果树、蔬菜、棉花和叶用经济作物如桑树、茶树、烟草等,二是豆科作物,如大豆、花生等。③施用镁肥要根据土壤酸碱度选用镁肥品

种，对中性及碱性土壤，宜选用速效的生理酸性镁肥，如硫酸镁；对酸性土壤，宜选用缓效性的镁肥，如白云石、氧化镁等。

三、硫肥

(一)硫肥的成分及性质

硫的主要营养功能是在蛋白质合成和代谢、电子传递中有重要作用。缺硫植株蛋白质合成受阻导致失绿症，其外观症状与缺氮很相似，缺硫症状往往先出现于幼叶，而缺氮先发生在老叶。缺硫新叶失绿黄化，茎细弱，根细长而不分枝，开花结实推迟，果实减少。十字花科作物对缺硫十分敏感，四季萝卜常作为鉴定土壤硫营养状况的指示植物。豆科植物对缺硫敏感，苜蓿缺硫叶呈淡黄绿色，小叶比正常叶更直立，茎变红，分枝少，大豆缺硫新叶呈淡黄绿色，严重时整株黄化，植株矮小。小麦缺硫新叶脉间黄化，老叶仍保持绿色，缺硫使植物体内蛋白质含量降低，因此降低了面粉的烘烤质量。

硫肥的主要品种有硫酸钙、硫酸铵、硫酸镁和硫酸钾，施用硫肥能够直接供应硫素营养，由于硫肥还含有其他成分，故还能提供钙、镁等其他营养元素(表 1-13)。

表 1-13 主要含硫肥料及性质 %

肥料名称	主要成分	含硫量
石膏	$CaSO_4 \cdot 2H_2O$	18.6
硫磺	S	95～99
硫酸铵	$(NH_4)_2SO_4$	24.2
硫酸钾	K_2SO_4	17.6
硫酸镁(水镁矾)	Mg_2SO_4	13
硫硝酸铵	$(NH_4)_2SO_4 \cdot 2NH_4NO_3$	12.1
普通过磷酸钙	$Ca(H_2PO_4)_2 \cdot H_2O, CaSO_4$	13.9
青矾(硫酸亚铁)	$FeSO_4 \cdot 7H_2O$	11.5

(二)硫肥的施用方法

常用的硫肥品种可作基肥、追肥和种肥。一般因作物种类、土壤类型、施肥目的不同,硫肥施用数量、施用方法和施肥时期而异。作物在临近生殖生长期时是需硫高峰,因此硫肥应该在生殖生长期之前施用,作为基肥施用较好,如在作物生长过程中发现缺硫,可以用硫酸铵等速效性硫肥作追肥或喷施。施用量应根据土壤缺硫程度和作物需求量来确定,一般缺硫土壤每亩施 1.5～3 kg 硫可以满足当季作物对硫的需要,每亩可以施过磷酸钙 20 kg 或硫酸铵 10 kg,也可以每亩施石膏粉 10 kg 或硫磺粉 2 kg。硫肥可单独施用,也可以和氮磷钾等肥料混合,结合耕地施入土壤。

第五节　微量元素肥料

微量元素肥料指作物正常生长发育所必需的那些微量元素,通过工业加工过程制成的,在农业生产中作为肥料施用的化工产品,简称微肥。20 世纪 50～60 年代以施用有机肥为主、化肥为辅的情况下,微量元素缺乏并不突出,随着大量元素肥料施用量增加,作物产量大幅提高,加之有机肥投入比重下降,土壤缺乏微量元素状况随之加剧,但不同土壤质地、不同作物对微量元素的需求存在差异,应根据土壤微量元素有效含量确定丰缺情况,做到缺素补素。一般情况下,在土壤微量元素有效含量低时易产生缺素症,所补给的微量元素才能达到增产效果。

一、铁肥

(一)铁肥的种类与性质

铁是叶绿素合成所必需的,缺铁时叶绿体结构被破坏,导致叶绿素不能形成。铁参与体内氧化还原反应和电子传递。铁还参与植物呼吸作用。对铁敏感的作物有豆类、高粱、甜菜、菠菜、番茄、苹果、柑橘、桃树等。一般情况下,禾本科和其他一些农作物很少见到缺铁现象,而果树缺铁较为普遍。植物缺铁总是从幼叶开始,典型的症状是在叶片的叶脉间和细胞网状组织中出现失绿现象,在叶片上往往明显可见叶脉深绿而脉间黄化,黄绿相间相当明显,严重缺铁时叶片上出现坏死斑点,叶片逐渐枯死。缺铁时根系还可能出现有机酸的积累。铁在植物体内移动性很小,植物缺铁常在幼叶上表现出失绿症。

铁肥的主要品种包括硫酸亚铁、硫酸亚铁铵及螯合态铁等。硫酸亚铁($FeSO_4 \cdot 7H_2O$),含铁 19%～20%,易溶于水,浅蓝绿色细结晶。硫酸亚铁铵($(NH_4)_2SO_4 \cdot FeSO_4 \cdot 6H_2O$),含铁 14%,呈淡青色结晶,溶于水。螯合态铁 FeEDTA,含铁 5%～14%,易溶于水。

(二)铁肥的施用方法

(1)作基施　生产上最常用的铁肥是硫酸亚铁,用 5～10 kg 硫酸亚铁与 200 kg 有机肥混合后施到果树下,可以克服果树缺铁失绿症。

(2)叶面喷施　叶面喷施硫酸亚铁可避免土壤对铁的固定。一般喷施浓度 0.2%～0.5%,每隔 7 d 左右喷一次,连续 2～3 次。若在铁肥溶液中加配尿素和柠檬酸,则会取得良好的效果,先在 50 kg 水中加入 25 g 柠檬酸,溶解后加入 125 g 硫酸亚铁,待硫酸亚铁溶解后再加入 50 g 尿素,即配成 0.25%硫酸亚铁+0.05%柠檬酸+0.1%尿素的复合铁肥。对于根外追肥不方便的果树还可以将 0.75%的硫酸亚铁溶液注入树干或固体硫酸亚铁埋藏于树干中,每株 1～2 g。

二、铜肥

(一)铜肥的种类与性质

铜参与植物体内氧化还原反应,铜构成铜蛋白并参与光合作用,铜是超氧化物歧化酶(SOD)的重要组分,铜参与氮素代谢,影响固氮作用,铜能够促进花器官的发育。不同作物对铜的反应不同,单子叶植物对铜比较敏感,麦类作物最敏感,双子叶植物敏感性较差。缺铜明显特征是花的颜色发生退色现象。禾谷类作物表现为植株丛生,顶端逐渐变白,症状从叶尖开始,严重时不抽穗,或穗萎缩变形,结实率降低或籽粒不饱满、不结实。果树顶梢叶片呈叶簇状,叶和果实退色,严重时顶梢枯死,并向下发展。

用作铜肥的有硫酸铜、碱式硫酸铜、硫铁矿渣等。常用的为硫酸铜,有效铜含量 35%,蓝色结晶,易溶于水。

(二)铜肥的施用技术

硫酸铜可作基肥、种肥和根外追肥。多用作种肥和根外追肥。除硫酸铜外其他品种只能作基肥。施用铜肥只有在确诊为缺铜的情况下方可应用。

(1)作基肥　硫酸铜作基肥,一般用量每亩 1～2 kg,每隔 3～5 年施用一次。

(2)作种肥　硫酸铜作种肥,每千克种子用 1～2 g 拌种或用浓度为 0.01%～0.5%的溶液浸种。

(3)作根外追肥　叶面喷施浓度为 0.02%～0.04%硫酸铜溶液。可在硫酸铜溶液中加入少量熟石灰,以避免药害。

三、锰肥

(一)锰肥的种类和性质

锰直接参与光合作用,是维持叶绿体结构所必需的元素,锰调节酶的活性,锰促进种子萌发和幼苗生长。不同作物或同一种作物的不同品种对锰的敏感程度不同。燕麦、小麦、豌豆、菜豆、菠菜、甜菜、苹果、桃树、山莓、草莓是对锰敏感的作物,而大麦、水稻、三叶草、苜蓿、白菜、花椰菜、马铃薯、番茄对锰中度敏感,玉米、黑麦、牧草对锰敏感性很低。植物缺锰时一般幼小到中等叶龄的叶片最易出现症状,在单子叶植物中锰的移动性高于双子叶植物,所以禾谷类作物缺锰症状常出现在老叶上。缺锰叶片失绿并出现杂色斑点,而叶脉保持绿色。果树缺锰时一般是叶脉间失绿黄化。缺锰典型症状是燕麦"灰斑病"、豌豆"杂斑病"、棉花和菜豆"皱叶病"。

常用的锰肥有硫酸锰、氯化锰、碳酸锰、氧化锰、含锰的玻璃肥料及含锰的工业废渣等。硫酸锰为粉红色晶体,易溶于水,含量为26%～28% 。氯化锰有效锰含量17%,浅红色结晶,易溶于水。

(二)锰肥的施用技术

锰肥可作基肥、种肥或根外追肥。但主要用于种子处理和根外追肥。

(1)作基肥　难溶性锰肥如含锰的工业废渣一般用作基肥,每亩用量5～10 kg。硫酸锰一般每亩用1～2.5 kg,与生理酸性化肥或农家肥混合条施或穴施。

(2)浸种　浓度为0.05%～0.1%的硫酸锰溶液,浸种8 h,晾干后播种。

(3)拌种　每千克种子用4～8 g 硫酸锰,先用少量水溶解后再拌种,晾干后播种。

(4)作根外追肥　一般用0.1%～0.2%的硫酸锰溶液50～75 kg/亩,果树为0.3%～0.4%,在苗期至生长盛期叶面喷施2～3次。

四、锌肥

(一)锌肥的种类与性质

锌是某些酶的组分或活化剂，参与生长素的代谢，参与光合作用中 CO_2 的水合作用，促进蛋白质的代谢，促进生殖器官发育和提高抗逆性。植物对锌的敏感程度因作物种类不同而有差异，对锌敏感作物有玉米、水稻、甜菜、大豆、菜豆、柑橘、梨、桃、番茄等，其中以玉米和水稻最为敏感，通常可作为判断土壤有效锌丰缺的指示植物。多年生果树对锌也比较敏感，缺锌对果实品质影响很大。植物缺锌生长受抑制，尤其是节间生长严重受阻，并表现出叶片的脉间失绿或白化，果树缺锌时表现为叶片狭小，丛生呈簇状，芽苞形成减少，树皮显得粗糙易碎。典型症状是果树“小叶病”、“繁叶病”。

锌肥的主要品种有硫酸锌、氯化锌、碳酸锌、硝酸锌、氧化锌、硫化锌、螯合态锌、含锌复合肥、含锌混合肥和含锌玻璃肥料等。其中以硫酸锌和氯化锌为最常用，氧化锌次之。硫酸锌($ZnSO_4 \cdot 7H_2O$)含锌 23%，白色针状结晶或粉状结晶，易溶于水，水溶液的 pH 值接近中性，易吸湿，是目前最常用的锌肥，适用于各种施用方法。氧化锌(ZnO)含锌量 78%，白色或淡黄色非晶性粉末，不溶于水。在空气中能缓慢吸收二氧化碳和水，生成碳酸锌，由于溶解度小，移动性差，故肥效长，施用一次，可长期有效，但供当季作物吸收的锌少，常配成悬浮液蘸根施用。

(二)锌肥的施用方法

水溶性锌肥既可作基肥，又可作追肥或根外追肥，拌种或浸种，而非水溶性锌肥一般只适合作基肥。

(1)作基肥　锌肥作基肥一般用量为硫酸锌 1～2 kg/亩。由于用量较少，锌肥可与有机肥料或生理酸性肥料混合施用，但不宜与磷肥混施。锌在土壤中不易移动,应施在种子附近,但不能直接接触种子。对于缺锌土壤,锌肥不仅对当季作物有效,而且还有后效,一般2～3年施用一次即可。

(2)作追肥　追施可将锌肥直接施入土壤,一般每亩用量硫酸锌1～2 kg。最好集中施用,条施或穴施在根系附近,以利于根系吸收,提高锌肥的利用率。

(3)作种肥　常将硫酸锌用于拌种。每千克种子加2～3 g,用少量水溶解,喷在种子上,边喷边拌,用水量为以能拌匀种子为宜,晾干后即可播种;浸种是用浓度为0.02%～0.05%硫酸锌溶液,浸种8～10 h,捞出晾干播种。蘸根是在移栽定植时,将植物根部在1%的氧化锌悬浮液中蘸一下再栽植。

(4)叶面喷施　用0.1%～0.2%硫酸锌溶液叶面喷施,连续喷2～3次,每次间隔7～10 d。

五、硼肥

(一)硼肥的种类与性质

硼能够促进植物体内碳水化合物的运输和代谢,促进半纤维素及细胞壁物质的合成,促进细胞伸长和细胞分裂,促进生殖器官的建成和发育,调节酚的代谢和木质化作用,提高豆科作物根瘤固氮能力等。需硼较多的作物有油菜、甜菜、苜蓿、三叶草、白菜、大豆、花椰菜、萝卜、芹菜、莴笋、向日葵、茉莉花、苹果、桃等。植物缺硼的主要症状是茎尖生长点生长受抑制,严重时枯萎,甚至死亡。老叶叶片变厚变脆畸形,枝条节间短,出现木栓化现象。根的生长发育明显受阻,根短粗兼有褐色。生殖器官发育受阻,结实率低,果实小、畸形,导致种子和果实减产,严重时有可能绝收。对硼敏感的作物常会出现许多典型的症状,如甜菜的“腐心病”,油菜的“花而不实”,棉花的“蕾而不花”,花椰菜的“褐心病”,小麦的“穗而不实”，芹菜“茎折病”，苹果的“缩果病”等。缺硼不仅影响产量而且明显影响品质。

硼肥种类很多，常用的硼肥有硼砂、硼酸、硼镁肥、硼镁磷肥。硼砂含硼 11.3%左右，为无色透明结晶或白色粉末，溶于水。硼酸含硼 17.5%，无色透明结晶或白色粉末，易溶于水。硼镁肥是制取硼砂的残渣，灰色或灰白色粉末，所含硼主要是硼酸形态，能溶于水，含硼 1%左右，含镁 20%～30%。硼镁磷肥含硼 0.6%左右，含镁 10%～15%，含有效磷 6%左右，是一种含大、中量元素（磷、镁）和微量元素（硼）的复合肥料。另外，还有含硼石膏、含硼黏土、含硼过磷酸钙、含硼过硝酸钙、含硼碳酸钙。硼泥含硼量约 2%，是生产硼肥时的下脚料，可直接施入田间。农家肥中草木灰、厩肥中也含有一些硼。

(二)硼肥的施用方法

(1)作基肥　硼肥的施用方法与土壤硼含量有关。当土壤严重缺硼时，一般采用基施效果好。一般每亩施用 0.5～0.75 kg 硼砂，与干细土或有机肥混匀后开沟条施或穴施，或与氮、磷、钾等肥料配合使用，也可单独施用。一定要施得均匀，不宜深翻或撒施。用量不能过大，每亩硼砂用量超过 2.5 kg 时，会降低出苗率，甚至死苗减产。不要使硼肥直接接触种子或幼苗，以免影响发芽、出苗和幼苗幼根生长。

(2)浸种　浸种宜用硼砂或硼酸溶液，先用 40℃的水将硼砂溶解，再用冷水稀释成 0.01%～0.03%水溶液，将种子倒入溶液中，浸泡 6～8 h，种液比为 1∶1，捞出晾干后即可播种。

(3)叶面喷施　轻度缺硼的土壤通常采用根外追肥的方法。喷施浓度为 0.1%～0.25%硼砂或硼酸溶液，用量为每亩 50～75 kg 水溶液，不同作物适宜的喷施时期不同，一般喷施 2～3 次。

六、钼肥

(一)钼肥的种类与性质

钼是硝酸还原酶和固氮酶的组成成分,能够促进植物体内有机含磷化合物的合成,参与体内光合作用和呼吸作用,促进繁殖器官的建成。不同作物对钼肥的需求及对钼肥的效应差别很大,豆科作物、豆科绿肥和豆科牧草施用钼肥效果很好,十字花科对钼也较敏感,玉米、柑橘、烟草、马铃薯等在严重缺钼土壤上施钼也有较好的效果 。缺钼的共同特征是植株矮小、生长缓慢,叶片失绿,且有大小不一的黄色或橙黄色斑点,严重缺钼时叶片萎蔫,有时叶片扭曲成杯状,老叶变厚、焦枯,以至死亡。十字花科的花椰菜缺钼最典型的症状是叶片明显缩小,呈不规则状的畸形叶,或形成鞭尾状叶,通常称为"鞭尾病"或"鞭尾现象"。

钼肥主要品种有钼酸钠、钼酸铵等。钼酸铵是青白或黄白色晶体,易溶于水,含量为50%~54%。钼酸钠为青白色晶体,易溶于水,含量为35%~39%。

(二)钼肥的施用方法

钼肥可作基肥、种肥和根外追肥。由于钼肥是作物需要量最少的微量元素,且价格昂贵,所以钼肥用量应尽量减少,一般作根外追肥、浸种和拌种。并且由于用量少,难于施匀,应少作基肥。

(1)作基肥　钼肥可以单独使用,也可和其他化肥和有机肥混合施用,最好与磷肥配合施用。如果单独使用,可拌干细土10 kg,搅拌均匀后施用,或撒施翻耕入土,或开沟条施或穴施,钼酸铵、钼酸钠每亩用量50~100 g。

(2)作拌种　每千克种子用1~2 g钼酸铵,先用少量热水溶解再用水配成0.2%~0.3%的溶液,喷施在种子上,边喷施边搅拌,但喷液不能过多,以免种皮起皱,造成烂种,拌好后将种子阴干后即可播种。

(3)浸种　一般用0.05%～0.1%钼酸铵溶液,浸种12 h。

(4)作根外追肥　将钼酸铵(钠)先用约50℃的水溶解,然后配成0.02%～0.05%的溶液,在苗期和花期喷施1～2次。每次每亩喷施溶液50～75 kg。

第六节　复合肥料

复合肥料是指在一定的工艺条件下,经过化学反应而制成的,含有氮磷钾中两种或两种以上元素,具有固定的养分含量和配比的肥料,它们的养分含量和配比决定于生产过程中的化学反应及化合物的分子式化学组成。常见的复合肥料种类主要包括磷酸二铵、磷酸一铵、磷酸二氢钾、硝酸钾和硝酸磷肥等。

复合肥料的主要优点:①含有两种或两种以上的作物需要的元素,养分含量高,能比较均衡和长时间地供应作物需要的养分,提高施肥增产效果。②复合肥料多为颗粒状,一般吸湿小,不结块,物理性状好,可以改善某些单质肥料的不良性状,也便于贮存,特别是利于机械化施肥。③复合肥料既可以作基肥和追肥,又可以作种肥,适用的范围比较广。④复合肥料副成分少,在土壤中不残留有害成分,对土壤性质基本不会产生不良影响。

复合肥料的主要缺点:①氮磷钾养分比例相对固定,不能适用于各种土壤和各种作物对养分的需求,所以在复合肥料施用过程中一般要配合单质肥料施用,才能满足各类作物在不同生育阶段对养分种类、数量的要求,达到作物高产对养分的平衡需求。②复合肥料是不同的单质和复合肥料经过化学作用合成的,这样在肥料施用过程中难以满足作物对不同养分施肥技术的要求,不能发挥本身所含各养分的最佳施用效果。

一、磷酸一铵、磷酸二铵

磷酸一铵、磷酸二铵中含有氮、磷两种养分，属于氮磷二元型复合肥料，是我国发展最快、用量最大的复合肥料。执行标准GB 10205—2001(表1-14至表1-16)。

磷酸一铵又称磷酸铵，含磷60%左右，含氮12%左右，灰白色或淡黄色颗粒，不易吸湿，不易结块，易溶于水，化学性质呈酸性。是以含磷为主的高浓度速效氮磷复合肥。

磷酸二铵简称二铵，含磷46%左右，含氮18%左右，白色结晶体，吸湿性小，稍结块，易溶于水，制成颗粒状产品后不易吸湿、不易结块。化学性质呈碱性。是以含磷为主的高浓度速效氮磷复合肥。

表1-14 传统法粒状磷酸一铵和磷酸二铵的技术指标 %

项目	磷酸一铵			磷酸二铵		
	优等品 12-52-0	一等品 11-49-0	合格品 10-46-0	优等品 18-46-0	一等品 15-42-0	合格品 13-38-0
总养分($N+P_2O_5$)	≥64.0	≥60.0	≥56.0	≥64.0	≥57.0	≥51.0
总氮(N)	≥11.0	≥10.0	≥9.0	≥17.0	≥14.0	≥12.0
有效磷(以P_2O_5计)	≥51.0	≥48.0	≥45.0	≥45.0	≥41.0	≥37.0
水溶性磷占有效磷百分率	≥90	≥85	≥80	≥90	≥85	≥80
水分(H_2O)	≤2.0	≤2.0	≤2.5	≤2.0	≤2.0	≤2.5
粒度(1.00～4.00 mm颗粒)	≥90	≥80	≥80	≥90	≥80	≥80

表 1-15 料浆法粒状磷酸一铵和磷酸二铵的技术指标 %

项目	磷酸一铵			磷酸二铵	
	优等品 11-47-0	一等品 11-44-0	合格品 10-42-0	一等品 15-42-0	合格品 13-38-0
总养分($N+P_2O_5$)	≥58.0	≥55.0	≥52.0	≥57.0	≥51.0
总氮(N)	≥10.0	≥10.0	≥9.0	≥14.0	≥12.0
有效磷(以 P_2O_5 计)	≥46.0	≥43.0	≥41.0	≥41.0	≥37.0
水溶性磷占有效磷百分率	≥80	≥75	≥70	≥75	≥70
水分(H_2O)	≤2.0	≤2.0	≤2.5	≤2.0	≤2.5
粒度(1.00～4.00 mm 颗粒)	≥90	≥80	≥80	≥80	≥80

表 1-16 粉状磷酸一铵的技术指标 %

项目	Ⅰ类			Ⅱ类	
	优等品 9-49-0	一等品 8-47-0	合格品 11-47-0	一等品 11-44-0	合格品 10-42-0
总养分($N+P_2O_5$)	≥58.0	≥55.0	≥58.0	≥55.0	≥52.0
总氮(N)	≥8.0	≥7.0	≥10.0	≥10.0	≥9.0
有效磷(以 P_2O_5 计)	≥48.0	≥46.0	≥46.0	≥43.0	≥41.0
水溶性磷占有效磷百分率	≥90	≥85	≥80	≥75	≥70
水分(H_2O)	≤4.0	≤5.0	≤3.0	≤4.0	≤5.0

(一)磷酸一铵、磷酸二铵的鉴别

(1)看外观　磷酸二铵均为颗粒状,多数磷酸一铵为颗粒,部分国产磷酸一铵为粉末状。

(2)看颜色　磷酸一铵和磷酸二铵呈灰色、灰白色或灰褐色,也有的磷酸二铵为浅黄色。

(3)观察溶解性　磷酸一铵和磷酸二铵很容易全部溶解于水。

(4)测量 pH　利用 pH 试纸测试磷酸一铵或磷酸二铵溶液

pH，磷酸一铵溶液的 pH 试纸呈红色，溶液呈酸性；磷酸二铵溶液的 pH 试纸呈蓝色，溶液呈碱性。

(5)观察铁片灼烧　将铁片烧红后，取少量的磷酸一铵和磷酸二铵放于其上，能观察到磷酸铵颗粒变小，并放出刺激性的氨味。

(二)磷酸一铵、磷酸二铵的施用

磷酸一铵、磷酸二铵是以磷为主的高浓度速效氮、磷复合肥。它不仅适用于各种类型的作物，而且适宜于各种类型的土壤条件，特别是在碱性土壤和缺磷比较严重的地方，增产效果十分明显。可以作基肥，也可作追肥或种肥。

(1)作基肥、追肥　最适合于作基肥，一般亩用量为 15～25 kg。对于高产作物而言，还可适当提高每亩的用量。通常在整地前结合耕地，将肥料施入土壤。也可在播种后开沟施入。

(2)作种肥　磷酸二铵作种肥时，通常是在播种时将种子与肥料分别播入土壤，不能与种子直接接触。每亩用量一般控制在 2.5～5 kg。

施用磷酸二铵应注意以下问题：①不能将磷酸二铵与碱性肥料混合施用，否则会造成氮的挥发，同时还会降低磷的肥效。②已经施用过磷酸二铵的作物，在生长的中、后期，一般只补适量的氮肥，不再需要补施磷肥。③除豆科作物外，大多数作物直接施用时需配施氮肥，调整氮磷比。

(三)磷酸一铵、磷酸二铵的贮存

磷酸一铵、磷酸二铵在贮存和运输过程中，应防雨、防潮、防晒、防破裂。

二、磷酸二氢钾

磷酸二氢钾含磷 52%，含钾 34%左右。纯品为白色或灰白色结晶体，吸湿性小，易溶于水，为高浓度速效磷钾二元型复合肥料。执行标准为 HG 2321—1992(表 1-17)。

表 1-17　农业用磷酸二氢钾的技术指标　%

项　目	指标	
	一等品	合格品
磷酸二氢钾(KH_2PO_4 以干基计)	≥96.0	≥92.0
水分	≤4.0	≤5.0
pH	4.3～4.7	4.3～4.7
氧化钾(K_2O 以干基计)	≥33.2	≥31.8

(一)磷酸二氢钾的鉴别

(1)看形状　一般为结晶体或粉末。

(2)看颜色　多呈现白色、浅黄色或灰白色。

(3)观察溶解性　磷酸二氢钾完全溶解于水，没有沉淀，并且溶解的速度很快。

(4)检查溶液的酸碱性　利用 pH 试纸检查磷酸二氢钾水溶液的酸碱性，能够发现 pH 试纸变红，说明溶液呈现酸性。

(5)观察灼烧时的火焰颜色　能够发现钾离子的特有紫色火焰。

(6)观察铁片上燃烧现象　磷酸二氢钾的吸湿性很小，化学性质稳定，不容易分解，在铁片上燃烧没有反应。

(二)磷酸二氢钾的施用

(1)作根外追肥　由于磷酸二氢钾价格比较昂贵，目前多用于作物根外追肥，特别是用于果树、蔬菜，通常都会取得良好的增产效果。应根据作物和生长时期确定喷施浓度，一般叶面喷施浓度0.1%～0.2%，喷施 2～3 次，间隔 7 d 左右。对于大田作物，一般小麦在拔节期至孕穗期，棉花在开花期前后喷施。

(2)作种肥　磷酸二氢钾也可用作种肥，但需在播种前将种子在浓度为0.2%的磷酸二氢钾水溶液中浸泡12～18 h，捞出晾干即可播种。

施用磷酸二氢钾一般要注意：磷酸二氢钾用于追肥，通常是采用叶面喷施的办法进行。叶面喷施是一种辅助性的施肥措施，它必须在作物前期施足基肥、中期用好追肥的基础上，抓住关键，及时喷施。

（三）磷酸二氢钾的贮存

磷酸二氢钾在贮存和运输过程中应避免雨淋，仓库应清洁、阴凉、干燥。

三、硝酸钾

硝酸钾含氮13%，含K_2O 44%，N∶K_2O为1∶3.4，白色晶体，吸湿性小，不易结块，易溶于水，不含副成分。生理反应和化学反应均为中性。为不含氯的氮钾二元复合肥料。也是含钾为主的复合肥品种之一。农业用硝酸钾执行标准GB/T 20784—2006（表1-18）。

表1-18 硝酸钾的主要技术指标 %

项目	优等品	一等品	合格品
氧化钾（K_2O）	≥46.0	≥44.5	≥44.0
总氮（N）	≥13.5	≥13.5	≥13.5
氯离子（Cl^-）	≤0.2	≤1.2	≤1.5
游离水（H_2O）	≤0.5	≤1.2	≤2.0

（一）硝酸钾的鉴别

（1）看形状 硝酸钾为结晶体。

（2）看颜色 硝酸钾呈白色。

（3）观察溶解性 硝酸钾能完全溶解于水。

（4）观察铁片上燃烧现象 取少许样品放在烧红的铁片或木

炭上，既不熔，也不燃烧，又不释放出特别的气味的为真品。

(二)硝酸钾的施用

(1)作基肥和追肥　硝酸钾适用于各种作物，特别适于烟草、葡萄、马铃薯、甘薯、茄果类蔬菜等经济作物。适于作基肥和追肥，最适宜作追肥，一般每亩用量 10～15 kg。

(2)浸种　一般可采用浓度为 0.2％的硝酸钾水溶液浸种和拌种。

(3)根外追肥　一般可采用浓度为 0.6％～1.0％的硝酸钾溶液进行根外追肥。

施用硝酸钾注意事项：施用时要注意配合氮、磷化肥，以提高肥效。由于硝态氮易于淋失，更适于在旱地施用。

(三)硝酸钾的贮存

硝酸钾应贮存在阴凉、干燥处，在运输过程中应防潮、防晒、防破裂。硝酸钾属于易燃易爆品，不得与有机物、还原剂及易燃品等物质混运混贮。

四、硝酸磷肥

硝酸磷肥含氮 26％，含磷 11％左右，为浅灰白色颗粒。中性，吸湿性强，易结块。硝酸磷肥是用硝酸分解磷矿粉，再用氨来中和多余的酸加工制成的氮磷二元肥料。硝酸磷肥的主要有效成分是硝酸铵、磷酸铵和磷酸二钙，既含有硝态氮又含有铵态氮，兼含有水溶性磷和枸溶性磷。硝酸磷肥执行国家推荐性标准 GB/T 10510—1998(表 1-19)。

(一)硝酸磷肥的鉴别

(1)看肥料形状　硝酸磷肥为颗粒状。

(2)看颜色　硝酸磷肥呈灰色、灰白色或乳白色。

(3)观察溶解性　观察硝酸磷肥的溶解性，发现肥料部分溶解于水，部分沉淀于杯底。

表 1-19 硝酸磷肥的技术指标

项目	优等品	一等品	合格品
总氮(N)/%	≥27.0	≥26.0	≥25.0
有效磷(以 P_2O_5 计)/%	≥13.5	≥11.0	≥10.0
水溶性磷占有效磷百分率/%	≥70	≥55	≥40
水分(游离水)/%	≤0.6	≤1.0	≤1.2
粒度(1.00～4.00 mm 颗粒)/%	≥95	≥85	≥80
颗粒平均抗压碎力(2.00～2.80 mm)/N	≥50	≥40	≥30

(4)测量 pH　利用广泛试纸测量硝酸磷肥溶液的 pH,试纸变红,说明硝酸磷肥的水溶性呈酸性。

(5)观察铁片上燃烧现象　将少量硝酸磷肥放在已经烧红的铁片上灼烧,能闻到刺激性氨气味和棕色烟雾。

(6)观察吸湿性　在空气湿度大时(如雨天),将肥料放置白瓷碗底一晚上或放在手心握一会儿,能够观察到肥料的表面已经“化了”。

(二)硝酸磷肥的施用

(1)作基肥和追肥　硝酸磷肥适于多种土壤和多种作物,尤其适用于缺氮又缺磷的土壤,适宜用作基肥和追肥,进行条施,但要深施。一般每亩用量 15～30 kg。

(2)作种肥　作种肥每亩 5～10 kg,但不能与种子直接接触。

施用硝酸磷肥注意事项:硝酸磷肥含硝态氮,容易随水流失,水田作物上应尽量避免施用该肥料。

(三)硝酸磷肥的贮存

硝酸磷肥的运输和贮存过程中,应防雨、防潮、防晒、防破裂。硝酸磷肥含有硝酸根,容易助燃和爆炸,在贮存、运输和施用时应远离火源,如果肥料出现结块现象,应用木棍将其粉碎,不能使用铁锹拍打，以防爆炸伤人。

第七节　复混肥料、掺混肥料

一、复混肥料

复混肥料是指将几种单元素肥料或是二元素肥料经过物理加工方法，形成的含有多种元素的肥料。这种肥料在加工过程中不以发生化学反应为主，而是简单地通过胶结剂使不同种类的单质肥料结合在一起。复混肥料是当前肥料行业发展最快的肥料品种，实行强制性的生产许可证管理制度。执行标准 GB 15063—2009（表 1-20）。

表 1-20　复混肥料的主要技术指标　%

项　目		高浓度	中浓度	低浓度
总养分（$N+P_2O_5+K_2O$）		≥40.0	≥30.0	≥25.0
水溶性磷占有效磷百分率		≥60	≥50	≥40
水分（H_2O）		≤2.0	≤2.5	≤5.0
粒度（1.00～4.75 mm 或 3.35～5.60 mm）		≥90	≥90	≥80
氯离子	未标“含氯”的产品	≤3.0	≤3.0	≤3.0
	标“含氯（低氯）”的产品	≤15.0	≤15.0	≤15.0
	标“含氯（中氯）”的产品	≤30.0	≤30.0	≤30.0

注：①组成产品的单一含量不得低于 4.0%，且单一养分测定值与标明值负偏差的绝对值不得大于 1.5%。②以钙镁磷肥等枸溶性磷肥为基础磷肥并在包装容器上注明为“枸溶性磷”，“水溶性磷占有效磷百分率”项目不做检验和判定；若为氮、钾二元肥料，“水溶性磷占有效磷百分率”项目不做检验和判定。③水分为出厂检验项目。④特殊形状或更大颗粒（粉状除外）产品的粒度由供需双方协议确定。⑤氯离子的含量大于 30.0%的产品，应在包装袋上标明“含氯（高氯）”，标“含氯（高氯）”的产品氯离子的含量可不做检验和判定。

(一)复混肥料的主要特点

(1)养分全面、含量高。复混肥料含有两种或两种以上的营养元素,能比较均衡地、长时间地同时供给作物所需要的多种养分,并充分发挥营养元素之间的相互促进作用,提高施肥的效果。复混肥料的化学成分虽不及复合肥料均一,但同一种复合肥的养分比是固定不变的,而复混肥料可以根据不同类型土壤的养分状况和作物的需肥特征,配制成系列专用肥,产品的养分比例多样化,针对性强,可以根据需要选择和施用。从而避免某些养分的浪费,提高肥料的增产效果。肥料利用率和经济效益都比较高。

(2)物理性能好,便于施用。复混肥料颗粒一般比较坚实、无尘,粒度大小均匀,吸湿性小,便于贮存和施用,既适合于机械化施肥,同时也便于人工撒施,减轻施肥劳力。

(3)养分齐全,可促进土壤养分平衡。农民习惯上多施用单质肥,特别是偏施氮肥,很少施用钾肥,极易导致土壤养分不平衡。

(4)有利于施肥技术的普及。测土配方施肥是一项技术性强、要求高而又面广量大的工作,如何把这项技术送到千家万户,一直是难以解决的问题。尽管土肥技术部门通过测土可向农民提供配方,但由农民自己购买单质肥料进行混配费工费力,又受肥料供应条件的限制,难以大面积推广。将配方施肥技术通过专用复混肥这一物化载体,可以真正做到技物结合,从而可以大大加速配方施肥技术的推广应用。

(5)复混肥料存在的缺点:①所含养分同时施用,有的养分可能与作物最大需肥时期不相吻合,易流失,难以满足作物某一时期对养分的特殊要求;②养分比例固定的复混肥料,难以同时满足各类土壤和各种作物的要求。

(二)复混肥料的种类

1. 根据营养元素种类划分

(1)二元复合肥　含有氮、磷、钾3种元素中的两种元素，根据农作物需肥规律合理匹配，复混后加工成的商品肥料。如氮磷复混肥、氮钾复混肥、磷钾复混肥。

(2)三元复合肥　含有氮、磷、钾3种元素，根据农作物需肥规律合理匹配，复混后加工成的商品肥料。通常以专用型的三元复混肥施用效果最好。

2. 根据氮磷钾养分总含量划分

复混肥中的氮磷钾比例一般氮以纯氮(N)、磷以五氧化二磷(P_2O_5)、钾以氧化钾(K_2O)为标准计算，例如氮∶磷∶钾＝15∶15∶15，表明在复混肥中纯氮含量占总物料量的15%，五氧化二磷占15%，氧化钾占15%，氮、磷、钾总含量占总物料的45%。根据总养分含量可分为3种不同浓度的复混肥。

(1)高浓度复混肥　氮、磷、钾养分总含量大于40%，一般生产过程中总含量为45%的占多数。高浓度复混肥的特点是养分含量高，适宜机械化施肥。但由于高浓度复混肥养分含量高，用量少，采用人工撒施不容易达到施肥均匀。高浓度复合肥中氮、磷、钾占的比例大，一些中、微量元素含量低，长期施用会造成土壤中中、微量元素含量的不足。

(2)中浓度复混肥　氮、磷、钾养分总含量在30%～40%。中浓度复混肥是对高浓度和低浓度复混肥的调节，它的施用量介于二者之间，一般的播种机稍加改造就可以将所需肥料数量施足，而且可以达到均匀程度，还含有相当数量的钙、镁、硫等中量元素。一般在果树和蔬菜上施用中浓度复混肥比较普遍。

(3)低浓度复混肥　氮、磷总含量大于20%的二元素复混肥和氮、磷、钾总含量大于25%的三元素复混肥。低浓度复混肥养分含量低，施用量大，采用一次性播种施肥复式作业时不容易将肥料全部施入土壤中，人工撒施劳动量也比施高浓度复混肥要多。它的优点是由于用量大，施起来容易均匀。低浓度复混肥生产原料选择面比较宽，可选用硫酸铵、普钙等用以增加复混肥中量元素钙、镁、硫的含量。一般低浓度复混肥适宜在蔬菜和瓜类作物上应用。

3.根据复混肥的成分和添加物划分

(1)无机复混肥　原料完全是化学肥料，用尿素、硫铵、重钙磷酸铵、氯化钾等按照一定比例，经混合造粒，生成二元复混肥、三元复混肥和各种专用复混肥。

(2)有机-无机复混肥　以无机原料为基础，增加有机物为填充物所形成的复混肥。这些有机-无机复混肥的生产一般是以无机肥料为主要原料，填充物采用烘干鸡粪等有机物增加肥料中的有机物质。有机-无机复混肥的基本特点是：速效养分含量能够满足作物当季生长的要求，同时又向土壤补充了部分有机肥料，可以起到培肥地力的作用，也向土壤提供了部分有机的缓效养分。

(三)复混肥料的鉴别

(1)看包装标识　看包装是否标明产品名称、生产许可证号、肥料登记证号、执行标准号、养分总含量及养分配合式、使用方法、净重、生产企业名称、地址、联系方式；包装袋内是否有产品合格证等。标识不全就有可能是伪劣产品。要注意的是复混肥料的总养分含量是氮、磷、钾含量之和，其他元素的含量不能计入总养分含量。

(2)看形态外观　复混肥料的形状多为颗粒状，也有的为条状或片状，颜色多为灰色、灰白色、杂色、彩色等。用手抓半把复混肥搓揉，手上留有一层灰白色粉末并有黏着感的为质量优良；若碾碎其颗粒，可见细小白色晶体的表明为质量优良。劣质复混肥多为灰黑色粉末，无黏着感，颗粒内无白色晶体。

(3)闻气味　复混肥料一般无异味，如有异味是伪劣复混肥。

(4)看溶解性　优质复混肥水溶性好，在水中大部分能溶解，即使有少量沉淀物也较细小；而劣质复混肥难溶于水，沉淀粗糙坚硬。

(5)看燃烧情况　取少量复混肥置于铁皮上，放在火上烧灼，有氨味说明含有氮，出现黄色火焰说明含有钾，且氨味越浓，黄色火焰越黄，表明氮、钾含量越高，即为优质复混肥；反之则为劣质复混肥。

(四)复混肥料的施用方法

复混肥料一般用作基肥和追肥，不能用作种肥和叶面追肥，防止烧苗现象发生。

(1)作基肥　作基肥可以深施，有利于中后期作物根系对养分的吸收，满足作物中后期对磷、钾养分的最大需要，克服中后期追施磷、钾肥的困难。

(2)作追肥　复混肥料作追肥会导致磷、钾资源的浪费，因为磷、钾肥施在土壤表面很难发挥作用，当季利用率不高。如果基肥中没有施用复混肥料，在出苗后也可适当追施，但最好要开沟施用，并且施后要覆土。

(3)作冲施肥　黄瓜、青椒、西红柿等多次采收的蔬菜，每次采收后冲施复混肥料可以补充适当的养分，应选用氮钾含量高、全水溶性的复混肥。一般蔬菜大棚的土壤速效磷含量极高，没有必要用三元复混肥料作冲施肥。

(4)作种肥　原则上高复混肥料不能作种肥，因为高浓度肥料与种子混在一起容易烧苗。如果一定要作种肥，必须做到肥料与种子分开，以免烧苗。

(五)施用复混肥料注意事项

(1)肥料品种　不同复混肥料养分含量和配比不同,不同作物需肥规律也不相同,要根据作物种类选择适当的复混肥料。

(2)施肥量　由于复混肥料含有相当数量的磷钾及副成分,施肥量较单一氮肥大,一般大田作物施用 50 kg/亩左右,经济作物施用 100 kg/亩左右。

(3)施肥时期　为使复混肥料中的磷、钾(尤其是磷)充分发挥作用,作基肥施用要尽早。一年生作物可结合耕耙施用,多年生作物(如果树)则较多集中在冬春施用。若将复混肥料作追肥,也要早期施用,或与单一氮肥一起施用。

(4)施肥深度　施肥深度对肥效的影响很大。应将肥料施于作物根系分布的土层,使耕作层下部土壤的养分得到较多补充,以促进平衡供肥。随着作物的生长,根系将不断向下部土壤伸展,早期作物以吸收上部耕层养分为主,中晚期从下层吸收较多。因此,对集中作基肥施用的复混肥分层施肥处理,较一层施用可提高肥效。

(5)包装上注明"含氯"或"含 Cl"字样的复混肥料,忌氯作物和盐碱地应尽量少用。未注明"含氯"或"含 Cl"字样的复混肥料,产品中不含氯化铵和氯化钾,产品的售价较高,适合施用于经济效益较高或忌氯的作物上,盐碱地应用效果较好。

(6)包装上注明"枸溶性磷",说明产品中水溶性磷的含量很低,适合施用在酸性土壤上。没有标明"枸溶性磷",说明产品中水溶性磷的含量较高,适合施用于大多数土壤和作物。

(7)包装上注明"含硝态氮"的,不适合施用在水田土壤上。没有标明"含硝态氮"的适合施用于水田和旱地作物上。

(六)复混肥料的贮存

复混肥料应贮存于阴凉干燥处,贮存和运输过程中应防潮、防晒、防破裂。

二、掺混肥料

掺混肥料是指氮、磷、钾 3 种养分中，至少有两种养分标明量的由干混方法制成的颗粒状肥料，也称 BB 肥。执行标准 GB 21633—2008(表 1-21)。

表 1-21　掺混肥料的主要技术指标　%

项　目	指标
总养分($N+P_2O_5+K_2O$)	≥35
水溶性磷占有效磷百分率	≥60
水分(H_2O)	≤2.0
粒度(2.00～4.00 mm)	≥70
氯离子	≤3.0
中量元素单一养分(以单质计)	≥2.0
微量元素单一养分(以单质计)	≥0.02

注：①组成产品的单一含量不得低于 4.0%，且单一养分测定值与标明值负偏差的绝对值不得大于 1.5%。②以钙镁磷肥等枸溶性磷肥为基础磷肥并在包装容器上注明为“枸溶性磷”，可不控制“水溶性磷占有效磷百分率”指标。若为氮、钾二元肥料，也不控制“水溶性磷占有效磷百分率”指标。③包装容器上标明“含氯”时不检测本项目。④包装容器上标明含有钙、镁、硫时检验本项目。⑤包装容器上标明含有铜、铁、锰、锌、硼、钼时检验本项目。

(一)掺混肥料的特点

(1)掺混肥料是根据作物养分需求规律、土壤养分供应特点和平衡施肥原理，经过机械均匀掺混而成的复混肥料，是科学平衡施肥的理想载体。可根据作物养分需求和不同土壤的养分供应特点等，设计可灵活调整的配方，符合化肥专用化的发展趋势。

(2)掺混肥料养分浓度可高达 50%以上，符合化肥高浓度化的发展趋势；BB 肥可添加中微量元素、农药、除草剂等，符合化肥多功能化的发展趋势。

(3)掺混肥料因含测土配方施肥技术,易于开展农化服务,可满足农化服务水平提升的要求。

(4)掺混肥料还有省时省工、真假易辨等优点。农民从肥料中能明显地看到氮、磷、钾的肥料颗粒,不易因造假而受到损失。

(5)掺混肥料生产成本和使用成本低,生产过程中无化学反应,可满足化肥发展节能环保的需求。

(6)掺混肥料的主要缺点:一是易吸潮、结块,掺混肥料中的氮素都是以颗粒尿素为主,含尿素的掺混肥料因其吸水性而容易结块。二是易于发生分离,掺混肥料原料比重不一,颗粒大小不一,易于离析分层。尤其是运输搬运过程中分层,导致使用各元素的不均衡,从而影响施肥效果与作物的产品质量。

(二)掺混肥料的施用

掺混肥料可作基肥和追肥,宜条施和穴施,肥料要距种子和作物根系 3～5 cm,施后盖土。具体施用方法可参考复混肥料。

第八节　水溶肥料

水溶肥料是指经水溶解或稀释,用于灌溉施肥、叶面施肥、无土栽培、浸种蘸根等用途的液体或固体肥料。水溶肥料的特点是针对性强、吸收快、效果好、用量省等。

针对性强:水溶肥料可根据土壤养分丰缺状况、土壤供肥水平以及作物对营养元素的需求来确定肥料的种类,及时补充作物缺少的养分,减轻或消除作物的缺素症状。

吸收快:由于直接施用在作物叶面或根部,各种营养物质可直接进入植物体内,直接参与作物的新陈代谢和有机物质的合成,其速度和效果都比土壤施肥的作用来得快。

效果好:形成作物产量的干物质主要来自光合作用的产物,作物进行叶面施肥后，叶片吸收了大量的养分，促进了作物体各种生理过程，显著提高光合作用强度，有效促进作物有机物质的积累，提高坐果率和结实率，增加产量，改善品质。

用量省：叶面喷施由于喷施在叶面上，不直接与土壤接触，避免了养分在土壤中的固定、失效或淋溶损失。采用叶面喷施，通常用量极少，浓度很低，养分吸收后，直接被输送到作物生长最旺盛的部位，养分利用率高。

一、水溶肥料主要类型

水溶肥料主要有大量元素水溶肥料、微量元素水溶肥料、含腐殖酸水溶肥料、含氨基酸水溶肥料等。

（一）大量元素水溶肥料

大量元素水溶肥料是指以大量元素氮、磷、钾为主要成分的，添加适量微量元素的液体或固体水溶肥料。执行标准 NY 1107—2006（表 1-22）。

表 1-22　大量元素水溶肥料主要技术指标

项　目	固体产品	液体产品
大量元素①	≥50.0%	≥500 g/L
微量元素②	≥0.5%	≥5 g/L
水不溶物	≤5.0%	≤50 g/L
pH（1∶250 倍稀释）	3.0～7.0	3.0～7.0
水分（H_2O）	≤3.0%	—

注：①大量元素含量指 N、P_2O_5、K_2O 含量之和。大量元素单一养分含量不低于 6.0%或 60 g/L。②微量元素含量指铜、铁、锰、锌、硼、钼元素含量之和。产品应至少包含两种微量元素，含量不低于 0.1%或 1.0 g/L 的单一元素均应计入微量元素含量中。

（二）微量元素水溶肥料

微量元素水溶肥料是指由铜、铁、锰、锌、硼、钼微量元素按适合植物生长所需比例制成的液体或固体水溶肥料。执行标准NY 1428—2007(表1-23)。

表1-23 微量元素水溶肥料产品技术指标

项　目	固体产品	液体产品
微量元素[①]	≥10.0%	≥100 g/L
水不溶物	≤5.0%	≤50 g/L
pH值(1∶250倍稀释)	3.0～7.0	3.0～7.0
水分(H_2O)	≤6.0%	—

注:①微量元素含量指铜、铁、锰、锌、硼、钼元素含量之和。产品中应至少包含两种微量元素。含量不低于0.1%(1 g/L)均应计入微量元素含量中。钼元素含量不高于1.0%(10 g/L)。

(三)含腐殖酸水溶肥料

含腐殖酸水溶肥料是指以适合植物生长所需比例的腐殖酸,添加适量氮、磷、钾大量元素或铜、铁、锰、锌、硼、钼微量元素而制成的液体或固体水溶肥料。执行标准NY 1106—2006(表1-24和表1-25)。

表1-24 含腐殖酸水溶肥料(大量元素型)产品技术指标

项　目	固体产品		液体产品	
	Ⅰ型	Ⅱ型	Ⅰ型	Ⅱ型
腐殖酸	≥3.0%	≥4.0%	≥30 g/L	≥40 g/L
大量元素[①]	≥35.0%	≥20.0%	≥350 g/L	≥200 g/L
水不溶物	≤5.0%		≤50 g/L	
pH(1∶250倍稀释)	4.0～9.0		4.0～9.0	
水分(H_2O)	≤5.0%		—	

注:①大量元素含量指N、P_2O_5、K_2O含量之和。大量元素单一养分含量不低于4.0%或40 g/L。

表 1-25　含腐殖酸水溶肥料(微量元素型)产品技术指标

项　目	指标
腐殖酸	≥3.0%
微量元素[①]	≥6.0%
水不溶物	≤5.0%
pH(1∶250 倍稀释)	4.0～9.0
水分(H_2O)	≤5.0%

注:①微量元素含量指铜、铁、锰、锌、硼、钼元素含量之和。产品应至少包含两种微量元素,含量不低于 0.1%或 1.0 g/L 的单一元素均应计入微量元素含量中。

(四)含氨基酸水溶肥料

含氨基酸水溶肥料是指以游离氨基酸为主体的,以适合植物生长所需比例,添加适量铜、铁、锰、锌、硼、钼微量元素或钙元素而制成的液体或固体水溶肥料。执行标准 NY 1429—2007(表 1-26 和表 1-27)。

表 1-26　含氨基酸水溶肥料(微量元素型)技术指标

项　目	固体产品	液体产品
游离氨基酸	≥10.0%	≥100 g/L
微量元素[①]	≥2.0%	≥20 g/L
水不溶物	≤5.0%	≤50 g/L
水分(H_2O)	≤5.0%	—
pH 值(1∶250 倍稀释)	3.0～7.0	3.0～7.0

注:①微量元素含量指铜、铁、锰、锌、硼、钼元素含量之和。产品中应至少包含两种微量元素。含量不低于 0.1%(1 g/L)均应计入微量元素含量中。钼元素含量不高于 0.5%(5 g/L)。

表 1-27 含氨基酸水溶肥料(钙元素型)技术指标

项目	固体产品	液体产品
游离氨基酸	≥10.0%	≥100 g/L
钙(Ca)	≥3.0%	≥30 g/L
水不溶物	≤5.0%	≤50 g/L
水分(H_2O)	≤4.0%	—
pH 值(1∶250 倍稀释)	3.0～7.0	3.0～7.0

二、水溶肥料的鉴别

(1)看外包装标识　是否规范标识了产品名称、有效成分名称和含量、生产企业和生产地址、肥料的登记证号、执行标准号、净重、生产日期、适用作物、使用方法等,首先从外观上进行简易识别。

(2)看溶解情况　把一小袋水溶肥料和 1 kg 左右水混合,看溶解情况。若全部溶解没有沉淀,说明产品质量较好,有效养分高,养分易于被作物吸收。若不能完全溶解有沉淀,说明该产品质量不过关,在喷施时易堵塞喷雾器喷头,并且还会造成作物对养分的利用率不高。

(3)看剂型和干燥度　目前市场上有固体和液体水溶肥两种类型,一般固体优于液体。固体又分颗粒状和粉状两种,颗粒状的要优于粉状的。因为颗粒状经过特殊工艺加工而成,具有施用方便、干燥程度高以及易于保存等优点。

(4)看是否有沉淀物　不要选择液体肥料中有太多沉淀的产品,这样的肥料产品一般存放时间较长,在喷施时易堵喷嘴,并且养分利用率降低。

三、水溶肥料的施用与贮存

(1)正确选择肥料品种　应根据土壤状况、作物需肥规律选择肥料类型。一般在基肥不足的情况下,可以选用大量元素水溶肥料或含腐殖酸水溶肥料(大量元素型);在基肥施用充足时,可以选用微量元素水溶肥料、含氨基酸水溶肥料、含腐殖酸的水溶肥料(微量元素型)。

(2)合理的施用方法　可以叶面喷施、灌溉施肥、滴灌和无土栽培等。

叶面喷施:把水溶肥料先行稀释溶解于水中进行叶面喷施,通过叶面气孔进入植株内部,可以极大地提高肥料吸收利用效率。水溶肥料多用于叶面喷施,为提高喷施的效果,选择合适的喷施时间和部位非常重要。一般选择在上午 9～11 时和下午 3～5 时喷施。喷施部位应选择幼嫩叶片和叶片背面,一般 7～10 d 一次,连续 3 次。一般情况下喷施浓度可选择稀释 800 倍液左右。此外,喷施应避免阴雨、低温或高温曝晒。要随配随用,不能久存,长时间存放产生沉淀,会降低肥料有效性。

灌溉施肥:通过土壤浇水或者灌溉的时候,先行混合在灌溉水中,这样可以让植物根部全面地接触到肥料,通过根的呼吸作物把化学营养元素运输到植株的各个组织中。

(3)合理的施用浓度　要掌握好施用浓度,浓度过低施用效果不明显,浓度过高会对作物产生危害,并且造成浪费。应根据产品使用说明书、肥料类型、作物种类、作物生长发育情况确定施用浓度。一般情况下喷施浓度可选择稀释 800 倍液左右。

(4)合理的施用时期　根据不同作物,选择关键的生长时期施用,以达到最佳效果。

(5)产品应贮存于阴凉干燥处,运输过程中应防压、防晒、防渗、防破裂。

第九节　微生物肥料

微生物肥料指一类含有活微生物的特定制品，应用于农业生产中，能够获得特定的肥料效应，在这种效应的产生中，制品中活微生物起关键作用。微生物肥料具有以下特点：

(1)增加土壤肥力。这是微生物肥料的主要功效。如各种自生、联合、共生的固氮微生物肥料，可以增加土壤中的氮素来源，多种解磷、解钾微生物的应用，可以将土壤中难溶的磷、钾分解出来为作物吸收利用，从而改善作物生长的土壤环境中营养元素的供应状况，同时增加土壤中有机质含量，提高土壤肥力。

(2)制造和协助农作物吸收营养。微生物肥料中最重要的品种之一是根瘤菌肥，通过生物固氮作用，将空气中氮气转化成氨，进而转化成植物能吸收利用的氮素化合物。VA 菌根是一种土壤真菌，可以与多种植物根共生，其菌丝伸长可以吸收更多的营养(如磷、锌、铜、钙等)供给植物吸收利用。许多用作微生物肥料的微生物还可以产生大量的植物生长激素，能够刺激和调节作物生长，改善营养状况。

(3)增强作物抗病和抗旱能力。有些微生物肥料的菌种接种后，在作物根部大量生长繁殖，成为作物根际的优势菌。抑制或减少病原菌微生物的作用，减轻作物病害，VA 菌根真菌的菌丝还能增加水分吸收，提高作物的抗旱能力。

(4)减少化肥用量。施用微生物肥料，能够适量减少化肥用量。另外与化学肥料相比，微生物肥料生产所消耗的能源要少，生产成本降低，且微生物肥料用量相对减少，有利于生态环境保护。

一、微生物肥料的主要类别

微生物肥料的主要类别有农用微生物菌剂、复合微生物肥料、生物有机肥。

(一)农用微生物菌剂

农用微生物菌剂是指目标微生物(有效菌)经过工业化生产扩繁后加工制成的活菌制剂。它具有直接或间接改良土壤、恢复地力、维持根际微生物区系平衡、降解有毒有害物质等作用;应用于农业生产,通过其中所含微生物的生命活动,增加植物养分的供应量或促进植物生长、改善农产品品质及农业生态环境。执行标准GB 20287—2006(表1-28)。

表1-28 农用微生物菌剂主要技术指标

项目	剂型		
	液体	粉剂	颗粒
有效活菌数(cfu)①(亿/g或亿/mL)	≥2.0	≥2.0	≥1.0
霉菌杂菌数(个/g或个/mL)	$\leqslant 3.0\times10^6$	$\leqslant 3.0\times10^6$	$\leqslant 3.0\times10^6$
杂菌率(%)	≤1.0	≤20.0	≤30.0
水分(%)	—	≤35.0	≤20.0
细度(%)	—	≥80	≥80
pH值	5.0~8.0	5.5~8.5	5.5~8.5
保质期②(月)	≥3	≥6	≥6

注:①复合菌剂,每种有效菌的数量不得少于0.01亿/g或0.01亿/mL;以单一的胶质芽孢杆菌制成的粉剂产品中有效活菌数不少于1.2亿/g。②此项仅在监督部门或双方认为有必要时检测。

微生物菌剂按照内含的微生物种类或功能特性可分为根瘤菌菌剂、固氮菌菌剂、解磷类微生物菌剂、硅酸盐微生物菌剂、光合细菌菌剂、有机物料腐熟剂、促生菌剂、菌根菌剂、生物修复菌剂等。

(二)复合微生物肥料

复合微生物肥料是指特定微生物与营养物质复合而成,能提供、保持或改善植物营养,提高农产品产量或改善农产品品质的活体微生物制品。执行标准 NY/T 798—2004(表 1-29)。

表 1-29 复合微生物肥料主要技术指标

项目	剂型		
	液体	粉剂	颗粒
有效活菌数(cfu)①(亿/g 或亿/mL)	≥0.50	≥0.20	≥0.20
总养分($N+P_2O_5+K_2O$)(%)	≥4.0	≥6.0	≥6.0
杂菌率(%)	≤15.0	≤30.0	≤30.0
水分(%)	—	≤35.0	≤20.0
pH 值	3.0~8.0	5.0~8.0	5.0~8.0
细度(%)	—	≥80.0	≥80.0
有效期②(月)	≥3	≥6	

注:①含两种以上微生物的复合微生物肥料,每一种有效菌的数量不得少于 0.01 亿/g(mL)。②此项仅在监督部门或仲裁双方认为有必要时才检测。

(三)生物有机肥

生物有机肥指特定功能微生物与主要以动植物残体(如畜禽粪便、农作物秸秆等)为来源并经无害化处理、腐熟的有机物料复合而成的一类兼具微生物肥料和有机肥效应的肥料。执行标准 NY 884—2004(表 1-30)。

表 1-30 生物有机肥主要技术指标

项 目	剂型	
	粉剂	颗粒
有效活菌数(cfu)(亿/g)	≥0.20	≥0.20
有机质(以干基计)(%)	≥25.0	≥25.0
水分(%)	30.0	15.0
pH 值	5.5～8.5	5.5～8.5
粪大肠菌群数(个/g 或个/mL)	≤100	
蛔虫卵死亡率(%)	≥95	
有效期(月)	≥6	

二、微生物肥料的鉴别

(1)外包装标识　是否规范标识以下内容:肥料名称、有效菌种类、含量、养分含量、执行标准、肥料登记证号、生产厂家、生产地址、生产日期、有效期、适用作物、使用方法、净重等。

(2)外观鉴别　微生物肥料一般分为液体、粉剂和颗粒,粉剂产品应松散,颗粒产品应无明显机械杂质,大小均匀,具有稀释性。

(3)生物有机肥和一般有机肥的简易区别　生物有机肥和一般有机肥可以根据包装不同、色泽不同、气味不同加以简单区别。生物有机肥外包装比其他有机肥要精致,外包装标注有效成分、含有效活菌数等指标。生物有机肥在有益微生物作用下,发酵腐熟充分,外观呈褐色或黑褐色,色泽比较单一,而一般有机肥因生产操作不同,产品颜色各异。生物有机肥没有异味,一般有机肥可能由于发酵不彻底,带有臭味。

三、微生物肥料的施用方法

微生物肥料可用作基肥、追肥,沟施或穴施,还可拌种、浸种、蘸根。生物有机肥一般作基肥、种肥、追肥。农用微生物菌剂除作基肥、种肥、追肥外，还可叶面喷施等。一般情况下微生物肥料作基肥、种肥效果优于茎叶喷施。

1.农用微生物菌剂

(1)作基肥、追肥和育苗肥　固态菌剂每亩 2 kg 左右与40～60 kg 有机肥混合均匀后使用，可作基肥、追肥和育苗肥用。

(2)拌土：在作物育苗时，将固态菌剂掺入营养土中充分混匀制作营养钵，也可在果树等苗木移栽前，混入稀泥浆中蘸根。

(3)拌种：播种前将种子浸入 10～20 倍菌剂稀释液或用稀释液喷湿，使种子与液态生物菌剂充分接触后再播种。或将种子用清水或小米汤喷湿，拌入固态菌剂充分混匀，使所有种子外覆有一层固态生物肥料时便可播种。

(4)浸种　菌剂加适量水浸泡种子，捞出晾干，种子露白时播种。或将固态菌剂浸泡 1～2 h 后，用浸出液浸种。

(5)蘸根、喷根　蘸根：液态菌剂稀释 10～20 倍，幼苗移栽前把根部浸入液体蘸湿后立即取出即可。喷根：当幼苗很多时，可将 10～20 倍稀释液喷湿幼苗根部即可。

(6)灌根、冲施　按 1∶100 的比例将菌剂稀释，搅拌均匀后灌根或冲施。

(7)叶面喷施　在作物生长期内可以进行叶面追肥，把菌剂稀释 500 倍左右或按说明书要求的倍数稀释后，选择阴天无雨的日子或晴天下午以后，均匀喷施在叶子的背面和正面。

2.复合微生物肥料

(1)作基肥　固态复合微生物肥料一般每亩施用 10～20 kg，和农家肥一起施入。

(2)作追肥　固态复合微生物肥料一般每亩施用 10～20 kg，在作物生长期间追施。

(3)叶面喷施　在作物生长期内进行叶面追肥，稀释 500 倍左右或按说明书要求的倍数稀释后，进行叶面喷施。

3. 生物有机肥

(1)作基肥　一般每亩施用 100 kg 左右，和农家肥一起施入，经济作物和设施栽培作物根据当地种植习惯可酌情增加用量。

(2)作追肥　与化肥相比，生物有机肥的营养全、肥效长，但生物有机肥的肥效比化肥要慢一点。因此，使用生物有机肥作追肥时应比化肥提前 7～10 d，可按化肥作追肥的用量等量投入。

四、施用微生物肥料注意事项

微生物肥料是生物活性肥料，施用方法比化肥、有机肥严格，有特定的施用要求，使用时要注意施用条件，严格按照产品使用说明书操作，否则难以获得良好的施用效果。施用中应注意以下几点。

(1)微生物肥料对土壤条件要求相对比较严格，微生物肥料施入到土壤后，需要一个适应、生长、供养、繁殖的过程，一般 15 d 后可以发挥作用，见到效果，而且长期均衡地供给作物营养。

(2)微生物肥料适宜施用时间是清晨和傍晚或无雨阴天，这样可以避免阳光中的紫外线将微生物杀死。

(3)微生物肥料应避免高温干旱条件下使用。施用微生物肥料时要注意温、湿度的变化，在高温干旱条件下，微生物生存和繁殖会受到影响，不能充分发挥其作用。要结合盖土浇水等措施，避免微生物肥料受阳光直射或因水分不足而难以发挥作用。

(4)微生物肥料不能长期泡在水中，在水田里施用应干湿灌溉，促进生物菌活动，以好气性微生物为主的产品，则尽量不要用在水田。严重干旱的土壤会影响微生物的生长繁殖，微生物肥料适合的土壤含水量为 50%～70%。

(5)微生物肥料可以单独施用，也可以与其他肥料混合施用。但微生物肥料应避免与未腐熟的农家肥混用。与未腐熟的有机肥混用，会因高温杀死微生物，影响肥效。同时也要注意避免与过酸过碱的肥料混合使用。

(6)微生物肥料应避免与农药同时使用。化学农药都会不同程度地抑制微生物的生长和繁殖,甚至杀死微生物。不能用拌过杀虫剂、杀菌剂的工具装微生物肥料。

(7)微生物肥料不宜久放,拆包后要及时施用,包装袋打开后,其他菌就可能侵入,使微生物菌群发生改变,影响其使用效果。

五、微生物肥料的贮存

微生物肥料应贮存在阴凉、干燥、通风的库房内,不得露天堆放,以防日晒雨淋,避免不良条件的影响。运输过程中有遮盖物,防止雨淋、日晒及高温。气温低于0℃时采取适当措施,以保证产品质量。轻装轻卸,避免包装破损。严禁与对微生物肥料有毒、有害的其他物品混装、混运。

第十节 有机肥料

有机肥料是指以畜禽粪便、动植物残体等富含有机质的副产品资源为主要原料,经发酵腐熟后制成的肥料。执行标准NY 525—2002(表1-31)。本标准不适用于绿肥、农家肥和其他农民自积自造的有机粪肥。这里所指的有机肥料是指经工厂化加工所形成的商品有机肥料。

一、有机肥料的特点

有机肥料是富含有机物质,能够提供作物生长所需养分,又能培肥改良土壤的一类肥料。过去有机肥料主要是农民就地取材、就地积造的自然肥料,所以也叫农家肥。近年来工厂化加工的有机肥料大量涌现,有机肥料已经走出农家肥的局限,形成商品有机肥料。有机肥的作用主要有以下几个方面。

表 1-31　有机肥料的技术指标

项　目	指标
有机质(以干基计)(%)	≥30
总养分($N+P_2O_5+K_2O$)(以干基计)(%)	≥4.0
水分(游离水)(%)	≤20
酸碱度(pH)	5.5～8.0
蛔虫卵死亡率(%)	95～100
大肠菌值	10^{-2}～10^{-1}
总镉(以 Cd 计)(mg/kg)	≤3
总汞(以 Hg 计)(mg/kg)	≤5
总铅(以 Pb 计)(mg/kg)	≤100
总铬(以 Cr 计)(mg/kg)	≤300
总砷(以 As 计)(mg/kg)	≤30

(一)提供作物所需养分

有机肥料富含作物生长所需养分,能源源不断供给作物生长。提供养分是有机肥料的最基本特征,也是其最主要的作用。同化肥比较,有机肥料有以下显著特点:

(1)养分全面。不仅含有作物所需要的 16 种营养元素,还含有其他有益于作物生长的元素,可全面促进作物生长。

(2)养分释放均匀长久。有机肥所含的养分多以有机态形式存在,通过微生物分解转变为作物可利用的形态,可缓慢释放,长久供应作物养分,比较而言化肥所含养分多为速效养分,施入土壤后肥效快但有效供应时间短。

(3)养分含量低。使用时应配合化肥,以满足作物旺盛生长期对养分的大量需求。

(二)改良土壤结构,增强土壤肥力

(1)提高土壤有机质含量,更新土壤腐殖质组成,培肥土壤。施入土壤的有机肥料,在微生物作用下,分解转化成简单的化合物，同时经过生物化学的作用又重新组合成新的、更为复杂的、比较稳定的土壤特有大分子高聚有机化合物，即腐殖质，腐殖质是土壤中稳定的有机质，对土壤肥力有重要作用。

(2)改善土壤物理性状。施用有机肥能够降低土壤的容重，改善土壤通气状况，使耕性变好，有机质保水能力强，比热容较大，导热性小，较易吸热，调温性好。

(3)增加土壤保水保肥能力，为植物生长创造良好的土壤环境。

(三)提高土壤的生物活性，刺激作物生长

有机肥料是微生物取得能量和养分的主要来源，施用有机肥料，有利于土壤微生物活动，促进作物生长发育。微生物的代谢产物不仅是氮、磷、钾等无机养分，还含有多种氨基酸、维生素、激素等物质，可为植物生长发育带来巨大的影响。

(四)提高解毒作用，净化土壤环境

有机肥料能够提高土壤阳离子的代换量，增加对重金属的吸附，有效地减轻重金属离子对作物的毒害，并阻止其进入植株中。

二、有机肥料的鉴别

(1)看外包装标识　是否规范标识了肥料产品名称、氮磷钾总养分含量、有机质含量、执行标准号、肥料登记证号、生产厂家、生产地址、联系电话、使用方法、生产日期、净重等。可首先通过外包装标注的以上几项是否齐全来辨别该肥料产品是否为规范、合法的肥料产品。

(2)看外观　有机肥料一般为褐色或灰褐色，粒状或粉状，无木棍、砖石瓦块等机械杂质，质量较好的有机肥颗粒均匀，粉末疏松。

(3)闻味道　开袋后有明显恶臭且带酸味的，说明发酵不充分，产品不合格。合格的产品应发酵充分、无臭味和酸味。

(4)看水分 用手抓一把肥料握紧后松开，肥料应该不结块，有明显膨胀弹性，如果松开后肥料成团，说明水分含量明显超标。还要观察是否发霉，有机肥料的水分含量一般比其他肥料要高，但一些劣质的有机肥料由于水分太高而使得产品发霉，因此在选购有机肥产品时不要选购已发霉的产品。

有机肥料是一种比较易于加工、制作的肥料，因此有一部分规模较小的企业进行手工作坊式生产，这样的有机肥料产品质量难以得到保证。应尽量选择规模比较大、信誉比较好的生产厂家的产品。

三、有机肥料的施用

(1)施用方法 有机肥料可以作基肥也可以作追肥。由于有机肥肥效长，养分释放缓慢，一般应作基肥施用，结合深耕施入土层中，有利于改良和培肥土壤。

(2)施用量 有机肥施用要适量，应根据土壤肥力、作物类型和目标产量确定合理的用量，一般用量 300～500 kg/亩。有机肥养分含量低，在含有多种营养元素的同时还含有多种重金属元素，过量施用也会产生危害，主要表现为烧苗、土壤养分不平衡、重金属等有害物质积累污染土壤和地下水等，也会影响农产品品质。

(3)有机、无机合理搭配施用 有机肥与化肥之间以及有机肥料品种之间应合理搭配，才能充分发挥肥料的缓效与速效结合的优点。有机肥料中虽然养分含量较全，但含量低，而且肥效慢，与速效性的化肥配合施用，可以互为补充，使作物整个生育期有足够的养分供应，而不会产生前期营养供应不足或后期脱肥现象。

四、有机肥料的贮存

有机肥料应贮存于场地平整、阴凉、通风、干燥的仓库内，防止霉变受潮。在运输过程中应防潮、防晒、防破裂。

第十一节 有机-无机复混肥料

有机-无机复混肥料是指以畜禽粪便、动植物残体等富含有机质的副产品资源为主要原料，经发酵腐熟后，添加无机肥料制成的肥料。执行标准GB 18877－2002（表1-32）。

表1-32 有机-无机复混肥料的技术指标

项目	指标
总养分（$N+P_2O_5+K_2O$）①（%）	≥15.0
水分（H_2O）（%）	≤10.0
有机质（%）	≥20
粒度（1.00～4.75 mm或3.35～5.60 mm）（%）	≥70
酸碱度（pH）	5.5～8.0
蛔虫卵死亡率（%）	≥95
大肠菌值	$\geq 10^{-1}$
含氯离子（Cl^-）②（%）	≤3.0
砷及其化合物（以As计）（%）	≤0.005 0
镉及其化合物（以Cd计）（%）	≤0.001 0
铅及其化合物（以Pb计）（%）	≤0.015 0
铬及其化合物（以Cr计）（%）	≤0.050 0
汞及其化合物（以Hg计）（%）	≤0.000 5

注：①标明的单一养分的含量不得低于2.0%，且单一养分测定值与标明值负偏差的绝对值不得大于1.0%。②如产品氯离子的含量大于3.0%，并在包装容器上标明“含氯”，该项目可不做要求。

一、有机-无机复混肥料的特点

（1）养分供应平衡，肥料利用率高。有机-无机复混肥既含有化肥成分又含有有机质，具有比无机肥和有机肥更全面的性能。

既能实现一般无机肥的氮磷钾养分平衡，还能实现有机-无机平衡。

(2)改土培肥。一般无机复混肥用地而难养地，一般有机肥养地作用大而当季供肥不足。有机-无机复混肥料则兼有用地、养地功能。

(3)活化土壤养分。通过有机-无机复混肥的化学和生物化学作用，可活化土壤中氮、磷、钾及中、微量养分等。

(4)具有生理调节作用。由于有机-无机复混肥中有机成分含有相当数量的生理活性物质。因此除具有一般的营养作用外，尚具有独特的生理调节作用。

二、有机-无机复混肥料的鉴别

(1)看外包装标识　是否规范标识了肥料产品名称、氮磷钾总养分含量、有机质含量、执行标准、生产许可证号、肥料登记证号、生产厂家、生产地址、联系电话、使用方法、生产日期、净重等。一般可通过外包装上以上几项是否齐全来鉴别肥料是否为正规产品。

(2)看外观　有机-无机复混肥料一般为均匀的颗粒状或条状，无机械杂质，颗粒的色泽一般较深，没有明显的氨味或其他异味。如果有恶臭，则产品在生产工艺及除臭水平上没有达到有关质量标准的要求。有机-无机复混肥料比重比复混肥料小，松散，与等量复混肥料相比所占的体积要大。

(3)看价格　有机-无机复混肥料质量和价格是成正比例关系的，氮磷钾总养分含量和有机质含量均高的产品一般价格也较高，所以在选择购买此类肥料时不能仅考虑价格便宜。

三、有机-无机复混肥料的施用

(1)施用方法　一般可作基肥，也可作追肥和种肥。但作种肥，特别是在条施、点施和穴施时要避免与种子直接接触，避免有机物的降解作用以及化肥对种子发芽产生不良影响。

(2)施用量 在施用有机-无机复混肥料时必须同时考虑土壤、作物等因素。虽然有机-无机复混肥料含有一定数量有机质和氮磷钾养分，具有一定的改土培肥作用和养分释放作用，但其作用有限，因此要注意有机肥的投入和化肥补充。要根据肥料中的有效成分含量和比例，根据土壤养分、作物种类和作物生长发育情况，确定合理用量。

(3)注意事项 有机-无机复混肥不同于纯有机肥，它在制造的过程中添加了一些化肥，化肥中的氯离子对有些作物是有害的，在选择肥料时要注意其外包装上是否标注"含氯"，以免含氯肥料造成作物的减产或绝收。

四、有机-无机复混肥料的贮存

有机-无机复混肥料应贮存于阴凉干燥处，运输过程中应防潮、防晒、防破裂。

第十二节 农家肥和绿肥

一、人粪尿

(一)人粪尿的性质与成分

人粪尿在有机肥料中具有养分含量高、氮多磷钾少、易腐熟、肥效快等特点。含氮1.0%，含磷0.5%，含钾0.37%，含有机物质20%左右，其中主要有纤维素、半纤维素、蛋白质及分解产物等，含灰分5%左右，其中主要是硅酸盐、磷酸盐、氯化物及钙、镁、钾、钠等盐类，含水分70%～80%。

(二)人粪尿的施用

人粪尿适用于多种土壤与作物，特别是对叶菜类作物和纤维类作物增产效果尤为显著。人粪尿可作基肥和追肥，作基肥用量一般为 500～1 000 kg/亩，因磷、钾含量较低，施用时应注意配合磷钾肥或其他有机肥。作追肥时，因含有无机盐较多，施用前必须加水稀释，尤其在幼苗期施用应增加稀释倍数。

人粪尿中含有病源菌和寄生虫卵，施用前应进行无害化处理，以免污染环境和产品。人粪尿中含有较多的氯离子，不适于盐碱地、不适于在马铃薯、甘薯、甜菜、烟草、瓜果等忌氯作物上施用，以免降低产品品质。人粪尿不能与碱性肥料混施。人粪尿每次用量不宜过多，旱地应加水稀释，施后覆土，水田应结合耕田，浅水匀泼，以免挥发和流失。

二、畜禽粪尿

(一)畜禽粪尿的性质与成分

各种畜禽粪尿的成分和性质各异。

家畜粪成分复杂，主要有纤维素、半纤维素、木质素、蛋白质、氨基酸、脂肪类、有机酸、酶和无机盐类。有机质含量高，为 15%～30%。其中氮素大部分呈有机态，须经缓慢分解后才能被作物吸收，属于迟效性肥料，但腐熟后，形成的腐殖质多，阳离子交换量大，改土效果好。家畜粪中的磷素，一部分呈有机态，另一部分是无机硝酸盐，两者与其他物质共同存在，可以减少被土壤所固定，肥效较高。家畜粪中的钾素，大部分是水溶性的，肥效也较高。

家畜尿成分简单，主要有尿素、尿酸、马尿酸、钾、钠、钙、镁等无机盐类。含有较多的水溶性氮，主要形态为尿素、马尿酸及尿素态氮。家畜尿含钾量比家畜粪高，钾的形态为碳酸钾和有机酸钾，呈碱性反应，能溶于水，易被作物吸收利用。

家禽粪和各种羊粪的养分含量均比家畜粪尿高，其中氮素主要为尿素盐，分解快，发热量高，属于热性肥料，但必须经过腐熟后才能使用。

(二)畜禽粪尿的施用

畜禽粪尿的施用方法与人粪尿相似，必须经过腐熟后才可施用。畜禽粪宜作基肥，撒施和集中施用均可，用量一般为 1 000～1 500 kg/亩。畜尿宜作追肥。

在施用时应根据土壤质地和作物类型选择施用，对于黏重土壤和生育期较短的作物，应选择腐熟度较高的粪肥，对于沙质土壤和生育期较长的作物，可以施用腐熟度较低的粪肥。猪粪和猪圈肥为中性肥料，适于各种土壤和作物。牛粪和牛厩肥属冷性肥料，有利于改良有机质低的轻质土壤。马粪和马厩肥属热性肥料，可用来改良质地黏重的土壤。羊粪和羊厩肥属于热性肥料，是优质有机肥，适用于各种土壤和作物。

三、厩肥

(一)厩肥的成分与性质

厩肥是家畜粪尿和各种垫圈材料、饲料残渣混合堆积并经微生物作用而成的肥料，富含有机质和各种营养元素，其成分因家畜种类、饲料种类、垫料的种类和数量而不同。各种畜粪中，以羊粪的氮、磷、钾含量最高，猪、马粪次之，牛粪最低。一般来说，新鲜厩肥平均含有有机质 25%，氮(N)0.5%，磷(P_2O_5)0.25%，钾(K_2O)0.6%，此外，还含有钙、镁、硫等养分。新鲜厩肥中的养分呈有机态，含有较多的纤维素、半纤维素，碳氮比高，直接施用会与作物争氮，应经堆制腐熟后才可施用。厩肥施入土壤后氮素利用率为 10%～20%，磷素利用率为 30%～40%，钾素利用率为 60%～

70%，其肥效比化肥长。

(二)厩肥的施用

厩肥必须经过腐熟后才可施用，腐熟的厩肥或家畜肥可以作基肥，也可以作种肥或追肥，厩肥作基肥一般 4 000～5 000 kg/亩，撒施或集中施用均可，并应与化肥配合一起施用。另外，应根据土壤和作物选择厩肥的腐熟度，质地黏重的土壤种植蔬菜作物，应选用腐熟度高的厩肥，质地轻的沙质土壤，可选用腐熟度低的厩肥，生育期较长的作物，可施用腐熟度低的厩肥，生育期短的作物，应选用腐熟度较高的厩肥。

四、堆肥

(一)堆肥的成分与性质

堆肥是利用各种植物残体(作物秸秆、杂草、树叶、泥炭、垃圾以及其他废弃物等)为主要原料，混合人畜粪尿经堆制腐解而成的有机肥料。堆肥所含营养物质比较丰富，有机质含量高，并且肥效长而稳定，同时有利于促进土壤团粒结构的形成，能增强土壤保水、保温、透气、保肥的能力。而且与化肥混合使用可以弥补化肥所含养分单一，长期单一使用使土壤板结、保水保肥性能减退的缺陷。

(二)堆肥的施用

堆肥是一种含有有机质和各种营养物质的完全肥料，长期施用能够起到培肥改土的作用。堆肥适用于各种土壤和作物，一般用作基肥，可以结合翻地时施用，与土壤充分混匀，做到土肥融合。堆肥的用量一般为 1 500～2 500 kg/亩。在不同土壤上施用堆肥的方法不同，生育期长的作物、沙性土壤以及温暖多雨的季节和地区可施用腐熟度低的堆肥，生育期短、黏性重的土壤、雨少的季节和地区，应施用充分腐熟的堆肥。施用堆肥还应配合施用化肥。

五、沤肥

(一)沤肥的成分与性质

沤肥是以作物秸秆、绿肥、青草为主要原料,掺入河泥、人畜粪尿在嫌气条件下沤制、腐熟而成的肥料。沤肥的材料与堆肥差异不大,与堆肥不同的是沤肥是在淹水条件下,由微生物进行厌气分解,所以堆制场地、技术条件、分解和腐熟过程有所不同。沤肥的养分含量因材料种类和配比不同,变幅很大,用绿肥沤制的比草皮沤制的养分含量高。

(二)沤肥的施用

沤肥一般用作基肥,大多用于水田作基肥,用量为 2 500～4 000 kg/亩,也可同速效肥料混合,作追肥施用。

六、饼肥

(一)饼肥的成分与性质

饼肥是油料作物的种子经炸油后剩下的残渣。主要有大豆饼、菜籽饼、花生饼、棉籽饼、麻籽饼、桐籽饼、茶籽饼等。饼肥富含氮、磷、钾,含氮较多,含磷、钾较少。不同饼肥的养分含量不尽相同,饼肥中的氮、磷多呈有机态,氮以蛋白质形态为主,磷以植素、卵磷脂为主,钾大都是水溶性的。此外,饼肥含有一定的油脂和脂肪酸化合物,吸水缓慢。所以饼肥是一种迟效性有机肥,必须经过微生物发酵分解后才能更好地发挥肥效。

(二)饼肥的施用

饼肥是一种养分丰富的有机肥料,肥效高并且持久,适用于各种土壤和作物,一般多用在蔬菜、花卉、果树等附加值高的园艺作物上,可作基肥和追肥。饼肥作基肥可与堆肥、厩肥混合施用,应在播种前 7～10 d 施入土壤，旱地条施或穴施，施后与土壤混匀，不要靠近种子，以免影响种子发芽。作追肥时，要经过发酵腐熟，否则施入土壤后继续发酵产生高温易使作物根部烧伤。可在行间开沟或穴施，施后盖土。饼肥的施用量应根据土壤肥力高低和作物类型而定，土壤肥力低的和耐肥作物可适当多施，反之应适当减少用量。一般中等肥力的土壤、果菜类蔬菜，用量 100 kg/亩左右。由于饼肥为迟效性肥料，应注意配合施用适量速效性氮、磷、钾肥。

七、沼气肥

（一）沼气肥的成分与性质

沼气肥是在密封的沼气池中，有机物腐解产生沼气后的副产品。包括沼气液和残渣。沼气肥的养分含量受原料种类、材料比例和水量大小的影响变异很大。沼气肥除了含有丰富的氮、磷、钾元素外，还含有硼、铜、铁、锰、锌、钙等元素，以及大量的有机质、多种氨基酸和维生素等。沼气肥具有来源广、成本低、养分全、肥效长等特点，在农业生产中广泛应用。

沼气肥结构分上、中、底 3 层，上层水肥是沼气肥中数量最多、含有大量速效氮的高效能液体肥料，它具有见效快的优点，适用于粮食作物和蔬菜作早期追肥。施用前应先贮存于密封坑内数日。中层糊状肥的浓度高，肥力强，铵态氮的含量比较丰富，适用于粮食作物和蔬菜作中期追肥。其优点是不易挥发，能较长久地释放肥力，充分供给农作物在快速生长阶段所需要的多种养分。底层沼渣肥含有大量腐殖质，适用于农作物底肥，可提高土壤保肥、蓄水能力。

（二）沼气肥的施用

沼气发酵液和残渣可分别施用也可混合施用，可作基肥、追肥。一般残渣作基肥,发酵液作追肥,渣液混合物作基肥也可作追肥。渣液混合物作基肥用量 1 600 kg/亩左右,作追肥用量 1 200 kg/亩左右,发酵液作追肥用量 2 000 kg/亩左右。沼气肥应深施覆土,不要浅施更不要施于地表,深施 6～10 cm 效果最好。

沼气肥在施用中要注意:①出池后不要立即施用。沼气肥的还原性强,出池后若立即施用,会与作物争夺土壤中的氧气,影响种子发芽和根系发育,导致作物叶片发黄、凋萎。因此,沼气肥出池后,一般先在贮粪池中存放 5～7 d 后施用;若与磷肥按 10∶1 的比例混合堆沤 5～7 d 后施用,效果更佳。②沼液不能直接追施。沼液不兑水直接施在作物上,尤其是用来追施幼苗,会使作物出现灼伤现象。作追肥时,要先兑水,一般兑水量为沼液的一半。③不要表土撒施。宜采用穴施、沟施,然后盖土。④不要过量施用。施用沼肥的量不能太多,一般要少于普通猪粪肥。若盲目大量施用,会导致作物徒长,行间荫蔽,造成减产。⑤不能与草木灰、钙镁磷肥、石灰等碱性肥料混施,否则会造成氮肥的损失,降低肥效。

八、绿肥

(一)绿肥的成分与性质

栽培或野生的绿色植物体作肥料用的均称作绿肥。绿肥按照来源分可分为栽培绿肥和野生绿肥,按照植物学科分可分为豆科绿肥、非豆科绿肥,按照生长季节分可分为冬季绿肥、夏季绿肥,按照生长期长短可分为一年生或越年生和多年生绿肥,按照生长环境分可分为水生绿肥、旱生绿肥和稻底绿肥。主要的绿肥种类有紫云英、苕子、紫花苜蓿、草木樨等。

绿肥的作用:①绿肥是解决肥源的重要途径。②绿肥是培肥土壤、改良土壤、改良生态环境的有效措施。绿肥能够增加耕层土壤养分，能够改良土壤理化性状、改良低产田，能够覆盖地面，防止水土流失，改善生态环境，还能够绿化环境、净化空气、净化污水等。

(二)绿肥的施用

1. 绿肥的施用方式

(1)直接翻耕　直接翻耕以作基肥为主，翻耕前最好将绿肥切短，稍加曝晒，然后翻耕，一般入土 10～20 cm，沙质土壤可深些，黏质土壤可浅些。

(2)堆沤　把绿肥作为堆沤肥原料，堆沤可增加绿肥分解，提高肥效。

(3)作饲料　先作饲料，然后利用畜禽粪便作肥料，这种绿肥过腹还田的方式，是提高绿肥经济效益的有效途径。绿肥还可用于青饲料贮存或制成干草或干草粉。

2. 绿肥的收割与翻耕时期

多年生绿肥作物一年可以刈割几次，翻耕适期应掌握在鲜草产量最高和养分含量最高时进行翻耕。一般豆科绿肥适宜翻压时间为盛花期至谢花期，禾本科绿肥最好在抽穗期翻压，十字花科绿肥最好在上花下荚期翻压。间套种绿肥作物的翻压时期应与后茬作物需肥规律相吻合。

3. 绿肥的翻埋深度

一般是先将绿肥茎叶切成 10 cm 左右翻耕入土，一般以耕翻入土 10～20 cm 较好，旱地 15 cm，水田 10～15 cm，盖土要严，翻后耙匀，并在后茬作物播种前 15～30 d 进行。还应考虑气候、土壤、绿肥品种及其组织老嫩程度等因素。土壤水分较少、质地较轻、气温较低、植株较嫩时，耕翻宜深，反之则宜浅些。

4.绿肥的施用量

施用量要根据作物产量、作物种类、土壤肥力、绿肥的养分含量等确定。一般1 000～1 500 kg/亩基本能够满足作物的需要。

5.绿肥与无机肥料配合施用

绿肥肥效长,但单一施用的情况下,往往不能及时满足全生育期对养分的需求。绿肥所提供的养分虽然比较全面,但要满足作物的全部需求也是不够的。并且大多数绿肥作物提供的养分以氮为主,因此,绿肥与化肥配合施用是必要的。

第二章　测土配方施肥技术基础知识

第一节　测土配方施肥的基本概念

一、测土配方施肥的基本概念

测土配方施肥是以土壤测试和肥料田间试验为基础，根据作物的需肥规律、土壤供肥性能和肥料效应，在合理施用有机肥料的基础上，提出氮、磷、钾及中、微量元素的施用数量、施肥时期和施肥方法。通俗地讲就是在农业科技人员的指导下科学施用配方肥料。测土配方施肥技术的核心是调节和解决作物需肥与土壤供肥之间的矛盾，有针对性地补充作物所需的营养元素，作物缺什么元素补什么元素，需要多少补多少，实现各种养分的平衡供应，满足作物的需要，达到提高肥料利用率和减少肥料用量，提高作物产量，改善作物品质，节支增收的目的。

二、测土配方施肥的意义与作用

我国是一个人口众多而耕地后备资源相对不足的国家，农业增产依赖于单产的提高，肥料的施用对作物单产的提高起着重要的促进作用。长期以来我国农村盲目施肥现象严重，这不仅造成农业生产成本增加，而且带来严重的环境污染，威胁农产品质量安全，影响农业产量进一步提高。随着“优质、高产、高效、生态、安全”农业的发展，转变施肥观念、实行科学施肥，成为今后的一项长期性任务。推广测土配方施肥技术,对于提高农作物单产,改善作物品质,降低生产成本,保证农作物稳定增产、农业增效、农民持续增收具有重要的意义和作用,对于提高肥料利用率、减少肥料浪费、保护农业生态环境、保证农产品质量安全、实现农业可持续发展具有深远的影响。测土配方施肥是一项科学性、应用性很强的农业科学技术,实施测土配方施肥能够达到以下5个方面的目标。

(1)增产目标　即通过测土配方施肥措施使作物单产水平在原有基础上有所提高,在当前生产条件下,能最大限度地发挥作物的增产潜能。

(2)优质目标　即通过测土配方施肥均衡作物营养,使作物在农产品质量上得到改善。

(3)高效目标　即做到合理施肥、养分配比平衡、分配科学,提高肥料利用率,降低生产成本,增加施肥效益。

(4)生态目标　即通过测土配方施肥,减少肥料的挥发、流失等浪费,减轻地下水硝酸盐的积累和面源污染,从而保护农业生态环境。

(5)改土目标　即通过有机肥和化肥的配合施用,实现耕地养分的投入产出平衡,在逐年提高单产的同时,使土壤肥力得到不断提高,达到培肥土壤、提高耕地综合生产能力的目标。

第二节　测土配方施肥的基本原理

测土配方施肥是以养分归还(补偿)学说、最小养分律、同等重要律、不可代替律、肥料效应报酬递减律和因子综合作用律等理论为依据,以确定不同养分的施肥总量和配比为主要内容。为了充分发挥肥料的最大增产效益,施肥必须与选用良种、肥水管理、种植密度、耕作制度和气候变化等影响肥效的诸因素结合,形成一套完整的施肥技术体系。

一、养分归还(补偿)学说

作物产量的形成有40%～80%的养分来自土壤，但不能把土壤看作一个取之不尽、用之不竭的“养分库”。为保证土壤有足够的养分供应容量和强度，保持土壤养分的携出与输入间的平衡，必须通过施肥这一措施来实现。依靠施肥，可以把作物吸收的养分“归还”土壤，确保土壤肥力。

二、最小养分律

作物生长发育需要吸收各种养分，但严重影响作物生长、限制作物产量的是土壤中那种相对含量最小的养分因素，也就是最缺的那种养分(最小养分)。如果忽视这个最小养分，即使继续增加其他养分，作物产量也难以再提高。只有增加最小养分的量，产量才能相应提高。经济合理的施肥方案，是将作物所缺的各种养分同时按作物所需比例相应提高，作物才会高产。

三、同等重要律

对农作物来讲，不论大量元素或微量元素，都是同样重要缺一不可的，即缺少某一种微量元素，尽管它的需要量很少，仍会影响某种生理功能而导致减产，如玉米缺锌导致植株矮小而出现花白苗，水稻苗期缺锌造成僵苗，棉花缺硼使得蕾而不花。微量元素与大量元素同等重要，不能因为需要量少而忽略。

四、不可代替律

作物需要的各营养元素，在作物内都有一定功效，相互之间不能替代。如缺磷不能用氮代替，缺钾不能用氮、磷配合代替。缺少什么营养元素,就必须施用含有该元素的肥料进行补充。

五、报酬递减律

从一定土地上所得的报酬,随着向该土地投入的劳动和资本量的增大而有所增加,但达到一定水平后,随着投入的单位劳动和资本量的增加,报酬的增加却在逐步减少。当施肥量超过适量时,作物产量与施肥量之间的关系就不再是曲线模式,而呈抛物线模式了,单位施肥量的增产会呈递减趋势。

六、因子综合作用律

作物产量高低是由影响作物生长发育诸因子综合作用的结果,但其中必有一个起主导作用的限制因子,产量在一定程度上受该限制因子的制约。为了充分发挥肥料的增产作用和提高肥料的经济效益,一方面,施肥措施必须与其他农业技术措施密切配合,发挥生产体系的综合功能;另一方面,各种养分之间的配合作用,也是提高肥效不可忽视的问题。

第三节　测土配方施肥的基本原则

一、有机与无机相结合

实施测土配方施肥必须以有机肥料为基础,增施有机肥料可以增加土壤有机质含量,改善土壤理化性状,提高土壤保水保肥能力,增强土壤微生物的活性,促进化肥利用率的提高。因此,必须坚持多种形式的有机肥料投入,才能够培肥地力,实现农业可持续发展。

二、大量、中量、微量元素配合

各种营养元素的配合是配方施肥的重要内容,随着产量的不断提高,在耕地高度集约利用的情况下,必须进一步强调氮、磷、钾肥的相互配合,并补充必要的中量、微量元素,才能获得高产稳产。

三、用地与养地相结合,投入与产出相平衡

要使作物—土壤—肥料形成物质和能量的良性循环,必须坚持用养结合,投入产出相平衡。破坏或消耗了土壤肥力,就意味着降低了农业再生产的能力。

第四节 测土配方施肥的基本方法

一、基于田块的肥料配方设计

基于田块的肥料配方设计首先确定氮、磷、钾养分的用量,然后确定相应的肥料组合,通过提供配方肥料或发放配肥通知单,指导农民使用。肥料用量的确定方法主要包括土壤与植物测试推荐施肥方法、肥料效应函数法、土壤养分丰缺指标法和养分平衡法。

1. 土壤与植物测试推荐施肥方法

该技术综合了目标产量法、养分丰缺指标法和作物营养诊断法的优点。对于大田作物,在综合考虑有机肥、作物秸秆应用和管理措施的基础上,根据氮、磷、钾和中、微量元素养分的不同特征,采取不同的养分优化调控与管理策略。其中,氮肥推荐根据土壤供氮状况和作物需氮量,进行实时动态监测和精确调控,包括基肥和追肥的调控;磷、钾肥通过土壤测试和养分平衡进行监控;中、微量元素采用因缺补缺的矫正施肥策略。该技术包括氮素实时监

控、磷钾养分恒量监控和中、微量元素养分矫正施肥技术。

(1)氮素实时监控施肥技术 根据不同土壤、不同作物、不同目标产量确定作物需氮量,以需氮量的30%～60%作为基肥用量。具体基施比例根据土壤全氮含量,同时参照当地丰缺指标来确定。一般在全氮含量偏低时,采用需氮量的50%～60%作为基肥;在全氮含量居中时,采用需氮量的40%～50%作为基肥;在全氮含量偏高时,采用需氮量的30%～40%作为基肥。30%～60%基肥比例可根据上述方法确定,并通过"3414"田间试验进行校验,建立当地不同作物的施肥指标体系。有条件的地区可在播种前对0～20 cm土壤无机氮(或硝态氮)进行监测,调节基肥用量。

$$\text{基肥用量(kg/亩)}=\frac{(\text{目标产量需氮量}-\text{土壤无机氮})\times(30\%\sim60\%)}{\text{肥料中养分含量}\times\text{肥料当季利用率}}$$

其中:土壤无机氮(kg/亩)=土壤无机氮测试值(mg/kg)×0.15×校正系数。

氮肥追肥用量推荐以作物关键生育期的营养状况诊断或土壤硝态氮的测试为依据,这是实现氮肥准确推荐的关键环节,也是控制过量施氮或施氮不足、提高氮肥利用率和减少损失的重要措施。测试项目主要是土壤全氮含量、土壤硝态氮含量或小麦拔节期茎基部硝酸盐浓度、玉米最新展开叶叶脉中部硝酸盐浓度,水稻采用叶色卡或叶绿素仪进行叶色诊断。

(2)磷钾养分恒量监控施肥技术 根据土壤有(速)效磷、钾含量水平,以土壤有(速)效磷、钾养分不成为实现目标产量的限制因子为前提,通过土壤测试和养分平衡监控,使土壤有(速)效磷、钾含量保持在一定范围内。对于磷肥,基本思路是根据土壤有效磷测试结果和养分丰缺指标进行分级,当有效磷水平处在中等偏上时,可以将目标产量需要量(只包括带出田块的收获物)的100%～110%作为当季磷肥用量;随着有效磷含量的增加,需要减少磷肥用量，直至不施；随着有效磷的降低，需要适当增加磷肥用量，在极缺磷的土壤上，可以施到需要量的150%～200%。在2～3年后再次测土时，根据土壤有效磷和产量的变化再对磷肥用量进行调整。钾肥首先需要确定施用钾肥是否有效，再参照上面方法确定钾肥用量，但需要考虑有机肥和秸秆还田带入的钾量。一般大田作物磷、钾肥料全部作基肥。

(3)中、微量元素养分矫正施肥技术　中、微量元素养分的含量变幅大，作物对其需要量也各不相同。主要与土壤特性(尤其是母质)、作物种类和产量水平等有关。矫正施肥就是通过土壤测试，评价土壤中、微量元素养分的丰缺状况，进行有针对性的因缺补缺施肥。

2.肥料效应函数法

根据"3414"方案田间试验结果建立当地主要作物的肥料效应函数，直接获得某一区域、某种作物的氮、磷、钾肥料的最佳施用量，为肥料配方和施肥推荐提供依据。

3.土壤养分丰缺指标法

通过土壤养分测试结果和田间肥效试验结果，建立不同作物、不同区域的土壤养分丰缺指标，提供肥料配方。

土壤养分丰缺指标田间试验也可采用"3414"部分实施方案。"3414"方案中的处理1为空白对照(CK)，处理6为全肥区(NPK)，处理2、4、8为缺素区(即PK、NK和NP)。收获后计算产量，用缺素区产量占全肥区产量百分数即相对产量的高低来表达土壤养分的丰缺情况。相对产量低于50%的土壤养分为极低，相对产量50%～60%(不含)为低，60%～70%(不含)为较低，70%～80%(不含)为中，80%～90%(不含)为较高，90%(含)以上为高，从而确定适用于某一区域、某种作物的土壤养分丰缺指标及对应的肥料施用数量。对该区域其他田块，通过土壤养分测试，就可以了解土壤养分的丰缺状况，提出相应的推荐施肥量。

4. 养分平衡法

(1)基本原理与计算方法　根据作物目标产量需肥量与土壤供肥量之差估算施肥量,计算公式为:

$$施肥量(kg/亩)=\frac{目标产量所需养分总量-土壤供肥量}{肥料中养分含量\times 肥料当季利用率}$$

养分平衡法涉及目标产量、作物需肥量、土壤供肥量、肥料利用率和肥料中有效养分含量五大参数。土壤供肥量即为“3414”方案中处理1的作物养分吸收量。目标产量确定后因土壤供肥量的确定方法不同,形成了地力差减法和土壤有效养分校正系数法两种。

地力差减法是根据作物目标产量与基础产量之差来计算施肥量的一种方法。其计算公式为:

$$施肥量(kg/亩)=\frac{(目标产量-基础产量)\times 单位经济产量养分吸收量}{肥料中养分含量\times 肥料利用率}$$

式中基础产量即为“3414”方案中处理1的产量。

土壤有效养分校正系数法是通过测定土壤有效养分含量来计算施肥量。其计算公式为:

$$施肥量(kg/亩)=\frac{作物单位产量养分吸收量\times 目标产量-土壤测试值\times 0.15\times 土壤有效养分校正系数}{肥料中养分含量\times 肥料利用率}$$

(2)有关参数的确定

①目标产量　可采用平均单产法来确定。平均单产法是利用施肥区前3年平均单产和年递增率为基础确定目标产量,其计算公式是:

$$目标产量(kg/亩)=(1+递增率)\times 前3年平均单产(kg/亩)$$

一般粮食作物的递增率为10%～15%,露地蔬菜为20%,设施蔬菜为30%。

②作物需肥量　通过对正常成熟的农作物全株养分的分析，测定各种作物百千克经济产量所需养分量，乘以目标常量即可获得作物需肥量。

$$\text{作物目标产量所需养分量(kg)}=\frac{\text{目标产量(kg)}}{100}\times\text{百千克产量所需养分量(千克)}$$

③土壤供肥量　可以通过测定基础产量、土壤有效养分校正系数两种方法估算。

通过基础产量估算(处理1产量):不施肥区作物所吸收的养分量作为土壤供肥量。

$$\text{土壤供肥量(kg)}=\frac{\text{不施肥区农作物产量(kg)}}{100}\times\text{百千克产量所需养分量(kg)}$$

通过土壤有效养分校正系数估算:将土壤有效养分测定值乘一个校正系数，以表达土壤"真实"供肥量。该系数称为土壤有效养分校正系数。

$$\text{土壤有效养分校正系数(\%)}=\frac{\text{缺素区作物地上部分吸收该元素量(kg/亩)}}{\text{该元素土壤测定值(mg/kg)}\times 0.15}$$

④肥料利用率　一般通过差减法来计算。利用施肥区作物吸收的养分量减去不施肥区农作物吸收的养分量，其差值视为肥料供应的养分量，再除以所用肥料养分量就是肥料利用率。

$$\text{肥料利用率(\%)}=\frac{\text{施肥区农作物吸收养分量(kg/亩)}-\text{缺素区农作物吸收养分量(kg/亩)}}{\text{肥料施用量(kg/亩)}\times\text{肥料中养分含量(\%)}}\times 100\%$$

以计算氮肥利用率为例来进一步说明上述公式。

施肥区(NPK区)农作物吸收养分量(kg/亩):"3414"方案中处理6的作物总吸氮量;

缺氮区(PK区)农作物吸收养分量(kg/亩):“3414”方案中处理2的作物总吸氮量;

肥料施用量(kg/亩):施用的氮肥用量;

肥料中养分含量(%):施用的氮肥所标明的含氮量。

如果同时使用了不同品种的氮肥,应计算所用的不同氮肥品种的总氮量。

⑤肥料养分含量　供施肥料包括无机肥料与有机肥料。无机肥料、商品有机肥料含量按其标明量,不明养分含量的有机肥料养分含量可参照当地不同类型有机肥养分平均含量获得。

二、县域施肥分区与肥料配方设计

在GPS定位土壤采样与土壤测试的基础上,综合考虑行政区划、土壤类型、土壤质地、气象资料、种植结构、作物需肥规律等因素,借助信息技术生成区域性土壤养分空间变异图和县域施肥分区图,优化设计不同分区的肥料配方。主要工作步骤如下:

(1)确定研究区域。一般以县级行政区域为施肥分区和肥料配方设计的研究单元。

(2)GPS定位指导下的土壤样品采集。土壤样品采集要求使用GPS定位,采样点的空间分布应相对均匀,如每100亩采集一个土壤样品,先在土壤图上大致确定采样位置,然后在标记位置附近的一个采集地块上采集多点混合土样。

(3)土壤测试与土壤养分空间数据库的建立。将土壤测试数据和空间位置建立对应关系,形成空间数据库,以便能在GIS中进行分析。

(4)土壤养分分区图的制作。基于区域土壤养分分级指标,以GIS为操作平台,使用Kriging等方法进行土壤养分空间插值,制作土壤养分分区图。

(5)施肥分区和肥料配方的生成。针对土壤养分的空间分布特征，结合作物养分需求规律和施肥决策系统，生成县域施肥分区图和分区肥料配方。

(6)肥料配方的校验。在肥料配方区域内针对特定作物，进行肥料配方验证。

第五节　测土配方施肥的基本内容

测土配方施肥技术包括“测土、配方、配肥、供应、施肥指导”5个核心环节、9项重点内容。

一、田间试验

田间试验是获得各种作物最佳施肥量、施肥时期、施肥方法的根本途径，也是筛选、验证土壤养分测试技术，建立施肥指标体系的基本环节。通过田间试验，掌握各个施肥单元不同作物优化施肥量，基、追肥分配比例，施肥时期和施肥方法；摸清土壤养分校正系数、土壤供肥量、农作物需肥参数和肥料利用率等基本参数；构建作物施肥模型，为施肥分区和肥料配方提供依据。

二、土壤测试

土壤测试是制定肥料配方的重要依据之一，随着我国种植业结构的不断调整，高产作物品种不断涌现，施肥结构和数量发生了很大的变化，土壤养分库也发生了明显改变。通过开展土壤氮、磷、钾及中、微量元素养分测试，了解土壤供肥能力状况。

三、配方设计

肥料配方设计是测土配方施肥工作的核心。通过总结田间试验、土壤养分数据等，划分不同区域施肥分区；同时，根据气候、地貌、土壤、耕作制度等相似性和差异性，结合专家经验，提出不同作物的施肥配方。

四、校正试验

为保证肥料配方的准确性，最大限度地减少配方肥料批量生产和大面积应用的风险，在每个施肥分区单元设置配方施肥、农户习惯施肥、空白施肥3个处理，以当地主要作物及其主栽品种为研究对象，对比配方施肥的增产效果，校验施肥参数，验证并完善肥料配方，改进测土配方施肥技术参数。

五、配方落实

配方落实到农户田间是提高和普及测土配方施肥技术的最关键环节。目前不同地区有不同的模式，其中最主要的也是最具有市场前景的运作模式就是市场化运作、工厂化加工、网络化经营。这种模式适应我国农村农民科技素质低、土地经营规模小、技物分离的现状。

六、示范推广

为促进测土配方施肥技术能够落实到田间，既要解决测土配方施肥技术市场化运作的难题，又要让广大农民亲眼看到实际效果，这是限制测土配方施肥技术推广的"瓶颈"。建立测土配方施肥示范区，为农民创建窗口，树立样板，全面展示测土配方施肥技术效果，是推广前要做的工作。推广"一袋子肥"模式，将测土配方施肥技术物化成产品，也有利于打破技术推广"最后一公里"的"坚冰"。

七、宣传培训

测土配方施肥技术宣传培训是提高农民科学施肥意识、普及技术的重要手段。农民是测土配方施肥技术的最终使用者，迫切需要向农民传授科学施肥方法和模式；同时还要加强对各级技术人员、肥料生产企业、肥料经销商的系统培训，逐步建立技术人员和肥料商持证上岗制度。

八、效果评价

农民是测土配方施肥技术的最终执行者和落实者，也是最终受益者。检验测土配方施肥的实际效果，及时获得农民的反馈信息，不断完善管理体系、技术体系和服务体系。同时，为科学地评价测土配方施肥的实际效果，必须对一定的区域进行动态调查。

九、技术创新

技术创新是保证测土配方施肥工作长效性的科技支撑。重点开展田间试验方法、土壤养分测试技术、肥料配制方法、数据处理方法等方面的创新研究工作，不断提升测土配方施肥技术水平。

第六节　配方肥料的合理施用

在养分需求与供应平衡的基础上，坚持有机肥料与无机肥料相结合；坚持大量元素与中量元素、微量元素相结合；坚持基肥与追肥相结合；坚持施肥与其他措施相结合。在确定肥料用量和肥料配方后，合理施肥的重点是选择肥料种类、确定施肥时期和施肥方法等。

一、配方肥料种类

根据土壤性状、肥料特性、作物营养特性、肥料资源等综合因素确定肥料种类，可选用单质或复混肥料自行配制配方肥料，也可直接购买配方肥料。

二、施肥时期

根据肥料性质和植物营养特性，适时施肥。植物生长旺盛和吸收养分的关键时期应重点施肥，有灌溉条件的地区应分期施肥。对作物不同时期的氮肥推荐量的确定，有条件区域应建立并采用实时监控技术。

三、施肥方法

常用的施肥方式有撒施后耕翻、条施、穴施等。应根据作物种类、栽培方式、肥料性质等选择适宜施肥方法。例如氮肥应深施覆土，施肥后灌水量不能过大，否则造成氮素淋洗损失；水溶性磷肥应集中施用，难溶性磷肥应分层施用或与有机肥料堆沤后施用；有机肥料要经腐熟后施用，并深翻入土。

第三章　粮经作物施肥技术

第一节　小麦的需肥特点与施肥技术

一、需肥特点

小麦是禾本科作物，小麦的主要生育阶段有发芽出苗、越冬、返青、拔节、抽穗、开花、灌浆和成熟。北方地区冬小麦秋季播种，越冬阶段长，所以生育期长，是需肥较多的作物。出苗至返青为苗期，以营养生长为主，期间经历较长的越冬时间；拔节至抽穗为旺盛生长期，营养生长和生殖生长并进，生长速度快；开花至成熟期为生育后期。

小麦生长发育所需要的氮、磷、钾三元素在小麦体内含量比较高，需要量大，对小麦生长发育起着重要作用，小麦正常生长还需要钙、镁、硫、硼、锰、锌等中、微量元素，在土壤供应不足时，施用相应的肥料效果明显。一般认为，每生产 100 kg 小麦籽粒需要氮(N)2.8～3.2 kg，磷(P_2O_5)1.0～1.5 kg，钾(K_2O)2～4 kg，三者比例为 1∶0.4∶1。小麦的需肥规律是，冬前分蘖期吸收养分较多，越冬期吸收养分较少，返青后则需要大量的养分，拔节到开花期是小麦吸收养分的高峰期，全生育期总吸收量 31.2%的氮、64%的磷和 60%的钾是在这一阶段吸收的，开花以后至成熟，冬小麦还需要吸收部分养分。小麦是需氮较多的作物，氮肥对小麦增产效果十分明显。氮肥的作用在于促进小麦根、茎、叶和分蘖的生长，增加绿色面积，加强光合作用和营养物质的积累。在幼穗分化、生殖细胞形成以及开花和籽粒形成期，氮磷配合，可增加小穗数、小花数，提高结实率。在生长中后期，适量的氮素，可提高千粒重及籽粒的蛋白质含量。磷是小麦细胞核的重要组分，能够促进糖分和蛋白质的正常代谢，磷肥能使小麦早生根、早分蘖、早开花，并促进植株体内糖分和蛋白质的代谢，增强抗旱、抗寒能力。缺磷地区小麦施用磷肥增产效果明显。钾肥在小麦苗期能促进根系发育，拔节期能增加茎秆细胞壁厚度，促进细胞木质化，使茎秆坚硬，从而增强小麦抗寒、抗旱、抗高温、抗病虫害和抗倒伏能力，灌浆期钾可促进淀粉合成、养分转化和氮素的代谢，使小麦落黄好、成熟早，从而增加产量和改进品质，随着优质、高产、高效概念的提出，钾的营养越来越引起人们的重视。

根据小麦不同生育期吸收氮、磷、钾养分的特点，通过施肥措施，协调和满足小麦对养分的需要，是争取小麦优质高产的一项关键措施。在小麦苗期，吸收养分能力较弱，应有适量的氮素营养和一定的磷、钾肥，促使麦苗形成壮苗。小麦拔节至孕穗、抽穗期，植株从营养生长过渡到营养生长和生殖生长并进的阶段，是小麦吸收养分最多的时期，也是决定麦穗大小和穗粒数多少的关键时期，因此适期施拔节肥，对增加穗粒数和提高产量有明显的作用。小麦在抽穗至乳熟期，仍应保持良好的氮、磷、钾营养，以延长上部叶片的功能期，提高光合效率，促进光合产物的转化运转，有利于小麦籽粒灌浆、饱满和增重。小麦后期缺肥，可采取根外追肥。

二、施肥技术

小麦全生育周期亩施肥量为农家肥 1 500～2 000 kg（或商品有机肥 250～300 kg），氮肥（N）15～16 kg，磷肥（P_2O_5）6～8 kg，钾肥（K_2O）4～5 kg。有机肥作基肥，氮肥分基肥和追肥，分别占总氮量的50%左右，磷肥全部作基肥，钾肥可分基肥和追肥，化肥和农家肥(或商品有机肥)混合施用(表3-1和表3-2)。

表3-1　小麦推荐施肥量　kg/亩

肥力等级	目标产量	推荐施肥量		
		纯氮	五氧化二磷	氧化钾
低肥力	300～350	16～17	7～9	5～6
中肥力	350～400	15～16	6～8	4～5
高肥力	400～450	14～15	6～7	4～5

表3-2　小麦测土配方施肥推荐卡　kg/亩

基肥推荐方案				
肥力水平		低肥力	中肥力	高肥力
产量水平		300～350	350～400	400～450
有机肥	农家肥	2 000～2 500	1 500～2 000	1 000～1 500
	或商品有机肥	300～350	250～300	200～250
氮肥	尿素	6	6	5
	或硫铵	14	14	12
	或碳铵	16	16	14
磷肥	磷酸二铵	15～20	13～17	13～15
钾肥	硫酸钾	5～6	4～5	4～5
	或氯化钾	4～5	3～4	3～4

追肥推荐方案						
施肥时期	低肥力		中肥力		高肥力	
	尿素	硫酸钾	尿素	硫酸钾	尿素	硫酸钾
返青期	9	0	8	0	8	0
拔节期	15	5～6	14	4～5	13～14	4～5

1.基肥

基肥对于促进幼苗早发，冬前培育壮苗，增加有效分蘖率和壮秆大穗有重要作用。基肥每亩施农家肥 1 500～2 000 kg 或商品有机肥 250～300 kg，尿素 6 kg，磷酸二铵 13～17 kg，氯化钾 4～5 kg。提倡秸秆还田培肥地力。

2.追肥

返青期追肥能够增加有效分蘖，提高成穗率，增加穗数。可以根据苗情，在返青期亩施尿素 8 kg 左右。基肥不足，播种晚，冬前分蘖少，生长弱的麦田，应早施或重施返青肥。基肥充足，分蘖充足，生长旺盛的麦田，不宜追施返青肥。

拔节期追肥能够促进大穗成蘖，提高成穗率，促进小穗小花分化，争取穗大粒多。拔节追肥非常重要，是小麦施肥的最大效应期。拔节肥施肥量一般是总氮量的 40%～50%。可以根据苗情，拔节期亩施尿素 14 kg，氯化钾 4～5 kg。

孕穗期追肥可防止小穗、小花退化，促进生殖细胞的良好发育，提高结实率，增加穗粒数，延长绿叶功能期，提高光合强度，增加有机物质积累，为小麦灌浆创造良好条件。施肥量不宜过多，以免贪青晚熟。一般根据苗情采用点片补施的方法。

3.根外追肥

叶面喷肥对补充小麦生育后期所需要的营养物质和促进光合产物向子粒中运转，提高小麦粒重和品质有良好作用。小麦灌浆期间可根据生长情况，叶面喷施 0.2%磷酸二氢钾水溶液 1～2 次，还可根据土壤测试结果，叶面喷施微量元素肥料。缺锌可叶面喷施 0.2%～0.4%硫酸锌水溶液，缺锰叶面喷施 0.1%硫酸锰水溶液，缺硼叶面喷施 0.1%～0.2%硼砂水溶液等。

第二节　春玉米需肥特点与施肥技术

一、需肥特点

玉米为禾本科作物。全生育期可分为出苗期、拔节期、大喇叭口期、抽雄期、开花期、吐丝期和成熟期。整个生长发育过程根据生长特点可以划分为3个阶段，从出苗到拔节的苗期阶段，生长特点是生根、分化茎叶为主的营养生长阶段，施肥管理的目标是促进根系发育，培育壮苗。从拔节到抽穗的穗期阶段，生长特点是营养生长与生殖生长并进，叶片增大、茎叶伸长等营养器官旺盛生长和雌雄穗等生殖器官强烈分化与形成，是玉米一生生长发育最旺盛的阶段，施肥管理目标是促叶、壮秆、穗多、穗大。从抽穗到成熟的花粒期阶段，生长特点是以生殖生长为中心的生殖生长阶段，经过开花受精进入以籽粒产量形成为中心的时期，施肥管理的目标是保持绿叶面积，延长灌浆时间，争取粒多、粒重，实现高产。

玉米全生育期吸收的氮素最多，钾次之，磷较少，一般每生产100 kg玉米籽粒需要N 3.5～4.0 kg，P_2O_5 1.2～1.4 kg，K_2O 4.5～5.5 kg，N∶P∶K约为1∶0.35∶1.35。玉米在不同生育阶段，对氮、磷、钾的吸收是不同的。春玉米苗期对氮的吸收量较少，只占总量的2.14%，拔节孕穗期吸收较多，占总量的32.21%，抽穗开花期吸收量占总量的18.95%，籽粒形成期吸收量占总量的46.7%。春玉米对磷的吸收，在苗期吸收只占总量1.12%，拔节孕穗期吸收占45.04%，在抽穗受精和籽粒形成阶段吸收53.84%。春玉米对钾的吸收，70%以上在抽穗前已被吸收，剩下30%在抽穗受精时吸收。玉米对氮的需求量比其他元素多，氮是蛋白质、酶和叶绿素的重要组成成分，对玉米生长发育起着重要作用。玉米需磷比较少，但磷对玉米发育很重要，磷能使玉米植株体内的氮素和糖分的转化良好，加强根系发育，还可使玉米雌雄穗受精良好，结实饱满。钾对玉米正常生长发育起着重要作用。钾可促进碳水化合物的合成和运转，使机械组织发育良好，提高抗倒伏的能力，而且钾对玉米雌雄穗的发育有促进作用，可增加单株果穗数，尤其对多果穗品种效果更为显著。除去氮、磷、钾外，玉米生长发育还需要中、微量元素肥料，特别是玉米对锌敏感，在土壤供应不足时，施用相应的肥料会有显著效果。

二、施肥技术

春玉米基肥应强调以有机肥料为主，搭配适量速效化肥。有机肥料作基肥除能提高玉米产量外，更重要的是能够提高土壤肥力，使玉米持续高产，充分发挥化肥的增产效益。利用秸秆直接还田作玉米基肥同样具有良好效果。在土壤肥力较低的土壤，施秸秆时应配合少量氮肥，以调节碳氮比，加速秸秆腐解。化肥作基肥时宜与有机肥混合施用，或集中施于根系密集层。春玉米全生育周期亩施肥量为农家肥 1 500～2 000 kg（或商品有机肥 250～300 kg），氮肥（N）15～17 kg，磷肥（P_2O_5）4～5 kg，钾肥（K_2O）8～9 kg。有机肥作基肥，氮肥、钾肥分基肥和追肥，磷肥全部作基肥，化肥和农家肥（或商品有机肥）混合施用（表 3-3 和表 3-4）。

1. 基肥

春玉米基肥以有机肥为主，配合氮、磷、钾化肥。一般亩施农家肥 1 500～2 000 kg 或商品有机肥 250～300 kg，尿素 5～6 kg，磷酸二铵 9～11 kg，氯化钾 5 kg，缺锌土壤可亩施 1～2 kg 硫酸锌。在前茬作物收获后结合耕翻施入，提倡秸秆还田培肥地力。

2. 追肥

小喇叭口期追肥主要作用是壮秆和促进雌雄穗分化的作用，增产效果显著，一般亩施尿素 14～15 kg，氯化钾 7～8 kg。大喇叭口期追肥主要作用是促进雌雄穗的分化，实现粒多穗大高产，一般亩施尿素 8～9 kg,氯化钾 4～5 kg。

3. 根外追肥

缺锌地块基肥没有施锌的,可用锌肥浸种,以 0.02%～0.05%硫酸锌溶液处理种子 12～24 h,能明显提高发芽率和增产,拌种每千克种子用2～3 g硫酸锌加少量水稀释后与种子拌

表 3-3 春玉米推荐施肥量 kg/亩

肥力等级	目标产量	推荐施肥量		
		纯氮	五氧化二磷	氧化钾
低肥力	400～500	16～18	5～6	9～10
中肥力	500～600	15～17	4～5	8～9
高肥力	600～700	14～16	4	7～8

表 3-4 春玉米测土配方施肥推荐卡 kg/亩

基肥推荐方案				
肥力水平		低肥力	中肥力	高肥力
产量水平		400～500	500～600	600～700
有机肥	农家肥	2 000～2 500	1 500～2 000	1 000～1 500
	或商品有机肥	300～350	250～300	200～250
氮肥	尿素	6～7	5～6	5～6
	或硫铵	14～16	12～14	12～14
	或碳铵	16～19	14～16	14～16
磷肥	磷酸二铵	11～13	9～11	9～11
钾肥	硫酸钾	5～6	5	4～5
	或氯化钾	4～5	4	3～4

追肥推荐方案						
施肥时期	低肥力		中肥力		高肥力	
	尿素	硫酸钾	尿素	硫酸钾	尿素	硫酸钾
小喇叭口期	15～17	8	14～15	7～8	13～14	6～7
大喇叭口期	9～10	5～6	8～9	4～5	8～9	4

匀即可，叶面喷施可在苗期或拔节期用0.05%～0.1%硫酸锌溶液喷施。缺硼可以硼肥浸种，用0.01%～0.05%硼酸溶液浸12～24 h。

第三节 夏玉米需肥特点与施肥技术

一、需肥特点

玉米为禾本科作物。全生育期可分为出苗期、拔节期、大喇叭口期、抽雄期、开花期、吐丝期和成熟期。

夏玉米全生育期吸收的氮素最多，钾次之，磷较少，一般每生产100 kg玉米籽粒需要N 2.5～2.7 kg，P_2O_5 1.1～1.4 kg，K_2O 3.2～3.8 kg，N∶P∶K约为1∶0.48∶1.35。夏玉米在不同生育阶段，对氮、磷、钾的吸收是不同的。由于生育期比较短，夏玉米对氮素的吸收时间较早，吸收速度较快，苗期吸收量占总量的9.7%，拔节孕穗期吸收占76.19%，抽穗至成熟期吸收占14.11%。夏玉米对磷素的吸收也比较早，苗期吸收量占总量的10.16%，拔节孕穗期占62.96%，抽穗受精期吸收17.37%，籽粒形成期吸收9.51%，表明70%的磷素在抽穗前已被吸收。夏玉米对钾素的吸收与春玉米相似，70%以上在抽穗前已被吸收，剩下30%在抽穗受精时吸收。夏玉米基肥应以有机肥料为主，搭配适量速效化肥。利用秸秆直接还田作玉米基肥同样具有良好效果。前作小麦收获后麦秸直接施入或收麦时留高茬作夏玉米基肥，是解决有机肥不足的有效办法。在土壤肥力较低的土壤，施秸秆时应配合少量氮肥，以调节碳氮比，加速秸秆腐解。

二、施肥技术

夏玉米全生育周期亩施肥量为农家肥1 500～2 000 kg(或商

品有机肥 250～300 kg)，氮肥(N)14～16 kg，磷肥(P_2O_5)4～5 kg，钾肥(K_2O)8～9 kg。有机肥作基肥，氮肥、钾肥分基肥和追肥，磷肥全部作基肥，化肥和农家肥(或商品有机肥)混合施用(表3-5和表3-6)。

表 3-5 夏玉米推荐施肥量 kg/亩

肥力等级	目标产量	推荐施肥量		
		纯氮	五氧化二磷	氧化钾
低肥力	350～400	15～17	5～6	9～10
中肥力	400～450	14～16	4～5	8～9
高肥力	450～500	13～15	4～5	7～8

表 3-6 夏玉米测土配方施肥推荐卡 kg/亩

基肥推荐方案				
肥力水平		低肥力	中肥力	高肥力
产量水平		350～400	400～450	450～500
有机肥	农家肥	2 000～2 500	1 500～2 000	1 000～1 500
	或商品有机肥	300～350	250～300	200～250
氮肥	尿素	5～6	4～5	4～5
	或硫铵	13～15	12～13	12～13
	或碳铵	15～18	13～15	13～15
磷肥	磷酸二铵	11～13	9～11	9～11
钾肥	硫酸钾	5～6	5	4～5
	或氯化钾	4～5	4	3～4

追肥推荐方案						
施肥时期	低肥力		中肥力		高肥力	
	尿素	硫酸钾	尿素	硫酸钾	尿素	硫酸钾
小喇叭口期	14～16	8	13～14	7～8	13～14	6～7
大喇叭口期	8～9	5～6	7～8	4～5	7～8	4

1. 基肥

一般亩施农家肥 1 500～2 000 kg 或商品有机肥 250～300 kg，尿素 4～5 kg，磷酸二铵 9～11 kg，氯化钾 5 kg，缺锌土壤可亩施 1～2 kg 硫酸锌，提倡秸秆还田培肥地力。

2. 追肥

小喇叭口期追肥主要作用是壮秆和促进雌雄穗分化，增产效果显著，一般亩施尿素 13～14 kg，氯化钾 7～8 kg。大喇叭口期追肥主要作用是促进雌雄穗的分化，实现粒多穗大高产，一般亩施尿素 7～8 kg，氯化钾 4～5 kg。

3. 根外追肥

缺锌土壤基肥没有施锌的，可用锌肥浸种，以 0.02%～0.05%硫酸锌溶液处理种子 12～24 h，能明显提高发芽率和增产，拌种每千克种子用 2～3 g 硫酸锌加少量水稀释后与种子拌匀即可，喷施可在苗期或拔节期用 0.05%～0.1%硫酸锌溶液叶面喷施。缺硼土壤可用硼肥浸种，用 0.01%～0.05%硼酸溶液浸 12～24 h。

第四节 大豆需肥特点与施肥技术

一、需肥特点

大豆是豆科作物，大豆生育周期分为出苗期、分枝期、开花期、结荚期、鼓粒期和成熟期。大豆是需肥较多的作物，一般认为每生产 100 kg 大豆需吸收纯氮(N)8.1～10.1 kg，磷(P_2O_5)1.8～3.0 kg，钾(K_2O)2.9～6.3 kg。此外还需要吸收钙、镁、硫以及一定数量的微量元素。不同生长时期养分吸收不同。苗期至开花期，营养生长较慢，干物质及养分积累较少。开花至鼓粒期营养生长旺盛，同时进行生殖生长，是吸收养分的高峰期，大约 75%的干物质是在此时积累的。鼓粒至成熟期，积累的干物质约占全生育期20%。因此为了获得高产，应重视大豆开花至鼓粒期的养分供应。大豆自身有固氮作用，生长发育所需养分由根瘤菌固氮和从土壤中吸收。固氮作用高峰集中于开花至鼓粒期，开花前和鼓粒后期固氮能力均较弱，根瘤菌固氮提供给大豆的氮占大豆需氮总量的50%～60%。氮素对大豆生长发育起着重要作用，大豆发芽2周左右开始利用根瘤固氮，而在此之前需要从土壤中吸收氮素，施用适量氮肥有促进苗期发育、扩大根际范围、增加根瘤的作用，开花结荚期是大豆吸收氮的高峰期，仅靠根瘤固氮是不能满足需要的，需要及时补充氮肥，生育后期根瘤固氮作用衰退，也需要补充氮素营养。磷不仅能促进根系生长而且有利于根瘤发育和提高固氮能力，施用磷肥可以起到以磷增氮的作用，大豆磷的临界期在苗期。钾可以促进幼苗生长，茎秆强壮。钙和钼对根瘤形成很重要，可以增加根瘤数目，硼影响开花和籽粒形成。

在大豆施肥管理中，要多施有机肥，有机肥作基肥，不仅有利于大豆生长发育，而且有利于根瘤菌的繁殖和根瘤的形成，增强固氮能力。大豆需氮素虽多，但由于自身具有固氮能力，因此需要施用的氮肥并不太多，中、低肥力的土壤，适时适量施用氮肥有较好的增产效果，高肥田可少施或不施氮肥。大豆需磷较多，因此应增施磷肥，磷肥在土壤中的移动性差，所以磷肥宜作基肥或种肥早施。缺钾土壤还应增施钾肥。

二、施肥技术

大豆全生育周期亩施肥量为农家肥1 500～2 000 kg(或商品有机肥250～300 kg)，氮肥(N)7～10 kg，磷肥(P_2O_5)4～5 kg，钾肥(K_2O)6～7 kg。有机肥作基肥，氮、钾肥分基肥和追肥，磷肥全部作基肥，化肥和农家肥(或商品有机肥)混合施用。建议接种根瘤菌(表3-7和表3-8)。

表 3-7 大豆推荐施肥量 kg/亩

肥力等级	目标产量	推荐施肥量		
		纯氮	五氧化二磷	氧化钾
低肥力	100～150	9～11	5～6	7～8
中肥力	150～200	7～10	4～5	6～7
高肥力	200～250	6～9	4～5	5～6

表 3-8 大豆测土配方施肥推荐卡 kg/亩

基肥推荐方案				
肥力水平		低肥力	中肥力	高肥力
产量水平		100～150	150～200	200～250
有机肥	农家肥	2 000～2 500	1 500～2 000	1 000～1 500
	或商品有机肥	300～350	250～300	200～250
氮肥	尿素	6～8	5～7	4～6
	或硫铵	14～18	12～16	9～14
	或碳铵	16～21	14～19	11～16
磷肥	磷酸二铵	11～13	9～11	9～11
钾肥	硫酸钾	7～8	6～7	5～6
	或氯化钾	6～7	5～6	4～5

追肥推荐方案						
施肥时期	低肥力		中肥力		高肥力	
	尿素	硫酸钾	尿素	硫酸钾	尿素	硫酸钾
开花期	9～11	7～8	7～10	6～7	6～9	5～6

1. 基肥

每亩施农家肥 1 500～2 000 kg 或商品有机肥 250～300 kg，尿素 5～7 kg，磷酸二铵 9～11 kg，氯化钾 5～6 kg。

2. 追肥

大豆开花初期追施氮素化肥，每亩追施尿素 7～10 kg，氯化钾 6～7 kg。花期追肥可以促进大豆后期生长，增加荚果数和粒重，提高产量。追肥可于中耕前撒施，随后中耕。

3.根外追肥

大豆进入花荚期是需要各种营养元素最多的时期，叶面喷肥可延长叶片的功能期，且肥料利用率很高，对鼓粒结实作用明显。每亩可用磷酸二氢钾0.2～0.3 kg，兑水50～60 kg喷施，土壤微量元素不足时可叶面喷施0.2%硼砂水溶液或0.5%钼酸铵水溶液或0.2%硫酸锌水溶液。从结荚开始每7～10 d喷一次，连喷2～3次。如果已用钼酸酸铵拌种，后期可不再喷钼。

第五节　花生需肥特点与施肥技术

一、需肥特点

花生是豆科作物。花生的生长发育过程可分为苗期、开花下针期、结荚期和成熟期。一般认为，每生产100 kg花生需要氮(N)4.9～6.4 kg，磷(P_2O_5)0.9～1.1 kg，钾(K_2O)1.9～3.4 kg。此外还需要吸收钙、钼等一定数量的中、微量元素。花生不同生育时期对养分的需求有所不同。苗期对氮磷钾的吸收量很少；花针期是营养生长和生殖生长并进的旺盛时期，对养分的需求迅速增加；结荚期大批荚果的形成和充实，养分的吸收量达到高峰；成熟期对养分的吸收又迅速下降。可见花针期和结荚期的养分供应充足，对提高花生的产量和品质起着重要的作用。氮素在苗期能够促进生长和分枝的形成，在开花期，充足的氮素可以提高光合效率，促进地下子房的发育，在结荚成熟期，氮素向籽实运转形成蛋白质，缺氮不利于果实发育。花生的根瘤能固定空气中的氮素，以提供自身氮素养分。磷能够促进根系生长、幼苗发育，促进结瘤固氮，还可以促进花生成熟，籽粒饱满，提高结荚率、出仁率及含油量。结荚成熟期花生对钾的吸收量最高，钾有利于光合产物运转，促进茎秆健壮，增强抗病能力，对茎蔓、果壳及果仁的生长有促进作用，在沙土地保肥较差的土壤，增施钾肥效果明显。花生是喜钙作物，钙素能加强氮的代谢，有利于根系和根瘤的形成和发育，有利于荚果充实饱满，提高饱果率。钼是根瘤固氮过程中不可缺少的元素，钼能促进蛋白质合成，增加固氮能力。因此花生施肥应有机肥料与无机肥料结合，氮、磷、钾及中、微肥合理搭配，施足基肥、合理追肥。

二、施肥技术

花生全生育周期亩施肥量为农家肥 1 500～2 000 kg（或商品有机肥 250～300 kg），氮肥（N）8～11 kg，磷肥（P_2O_5）4～6 kg，钾肥（K_2O）7～8 kg。有机肥作基肥，氮、钾肥分基肥和追肥，磷肥全部作基肥，化肥和农家肥（或商品有机肥）混合施用。推荐接种根瘤菌（表 3-9 和表 3-10）。

1. 基肥

基肥亩施农家肥 1 500～2 000 kg 或商品有机肥 250～300 kg，尿素 6～8 kg，磷酸二铵 9～13 kg，氯化钾 6～7 kg，缺锌土壤每亩可基施 1～2 kg 硫酸锌，缺硼土壤每亩可基施硼砂 0.25～0.5 kg。

2. 追肥

花生追肥应根据土壤肥力、基肥施用量及花生生长发育情况进行合理追肥。一般开花期进行追肥，亩施尿素 8～11 kg，氯化钾 7～8 kg。

3. 根外追肥

花生下针结荚后，可叶面喷施 2%～3%过磷酸钙水溶液 2～3 次，7～10 d 一次，如果花生长势弱，还可加入 100～200 g 尿素配合喷施。缺锌、缺硼土壤，在基肥未施锌和硼的情况下，可在苗期至始花期喷施 0.1%～0.2%硫酸锌或硼砂水溶液，连续喷施 2～3 次。缺钼土壤可用 0.2%～0.3%钼酸铵水溶液拌种或浸种。

表 3-9　花生推荐施肥量　kg/亩

肥力等级	目标产量	推荐施肥量		
		纯氮	五氧化二磷	氧化钾
低肥力	200～250	10～12	5～7	7～8
中肥力	250～300	8～11	4～6	7～8
高肥力	300～350	7～10	4～5	6～7

表 3-10　花生测土配方施肥推荐卡　kg/亩

基肥推荐方案							
肥力水平		低肥力		中肥力		高肥力	
产量水平		200～250		250～300		300～350	
有机肥	农家肥	2 000～2 500		1 500～2 000		1 000～1 500	
	或商品有机肥	300～350		250～300		200～250	
氮肥	尿素	7～8		6～8		5～7	
	或硫铵	16～18		14～18		12～16	
	或碳铵	16～18		16～21		14～19	
磷肥	磷酸二铵	11～15		9～13		9～11	
钾肥	硫酸钾	7～8		7～8		6～7	
	或氯化钾	6～7		6～7		5～6	
追肥推荐方案							
施肥时期		低肥力		中肥力		高肥力	
		尿素	硫酸钾	尿素	硫酸钾	尿素	硫酸钾
开花期		10～12	7～8	8～11	7～8	7～10	6～7

第六节　甘薯需肥特点与施肥技术

一、需肥特点

甘薯是块根作物，也是粮食、蔬菜兼用作物。甘薯的生长过程分为 4 个阶段：发根缓苗阶段，指薯苗栽插后，入土各节发根成活，地上苗开始长出新叶。分枝结薯阶段，根系继续发展，腋芽和主蔓延长，叶数明显增多，小薯块开始形成。茎叶旺长阶段，指茎叶从覆盖地面开始到生长最高峰，这一时期茎叶迅速生长，生长量约占整个生长期总量的 60%，地下薯块明显增重，也称为蔓薯同长阶段。茎叶衰退薯块迅速肥大阶段，指茎叶生长由盛转衰直至收获期，以薯块肥大为中心。

甘薯是需肥性很强的作物。甘薯对氮、磷、钾三要素的需求量，以钾最多，氮次之，磷又次之，一般认为每生产 1 000 kg 甘薯要从土壤中吸收 3.5 kg 的氮(N)，1.8 kg 的磷(P_2O_5)，5.5 kg 的钾(K_2O)，氮磷钾比例为 1∶0.51∶1.57。甘薯喜钾，增施钾肥对产量和品质均有明显作用。甘薯苗期吸收养分少，从分枝结薯期到茎叶旺盛生长期，吸收养分速度加快，吸收数量增多，接近后期逐渐减少，至薯块迅速膨大期，氮磷的吸收量下降，而钾的吸收量保持较高水平。营养供应不足会出现缺素症，氮素供应不足，老叶首先呈现缺绿，叶片数、分枝数减少，叶片缩小，节间缩短，叶片容易发黄早衰，进一步发展为老叶脱落，光合效能降低，严重影响产量。如果磷素缺乏，会造成叶片变小，呈暗绿色，失去光泽，茎蔓伸长受阻，以后老叶出现大片黄斑，变紫色，不久即会脱落。缺钾则表现为叶小，节间和叶柄变短，叶色暗绿，后期叶的背面出现褐色斑点。甘薯忌氯，施用氯化铵、氯化钾等含氯化肥会使薯块淀粉含量降低，而且薯块不耐贮藏。甘薯施肥应有机肥料与无机肥料结合，氮、磷、钾及中、微肥合理搭配，特别是注意增施钾肥，有较好的增产效果，钾肥品种应选用硫酸钾而不要用氯化钾。

二、施肥技术

甘薯全生育期每亩施肥量为农家肥 2 500～3 000 kg(或商品有机肥 350～400 kg)，氮肥(N)12～14 kg，磷肥(P_2O_5)6～8 kg，钾肥(K_2O)9～11 kg，有机肥作基肥，氮、钾肥分基肥和追肥，磷肥全部作基肥，化肥和农家肥（或商品有机肥）混合施用（表 3-11 和表 3-12）。

表 3-11　甘薯推荐施肥量　kg/亩

肥力等级	目标产量	推荐施肥量		
		纯氮	五氧化二磷	氧化钾
低肥力	1 750～2 000	13～16	7～9	9～12
中肥力	2 000～2 250	12～14	6～8	9～11
高肥力	2 250～2 500	9～13	5～7	8～10

表 3-12　甘薯测土配方施肥推荐卡　kg/亩

<table>
<tr><td colspan="8">基肥推荐方案</td></tr>
<tr><td colspan="2">肥力水平</td><td colspan="2">低肥力</td><td colspan="2">中肥力</td><td colspan="2">高肥力</td></tr>
<tr><td colspan="2">产量水平</td><td colspan="2">1 750～2 000</td><td colspan="2">2 000～2 250</td><td colspan="2">2 250～2 500</td></tr>
<tr><td rowspan="2">有机肥</td><td>农家肥</td><td colspan="2">3 000～3 500</td><td colspan="2">2 500～3 000</td><td colspan="2">2 000～2 500</td></tr>
<tr><td>或商品有机肥</td><td colspan="2">400～450</td><td colspan="2">350～400</td><td colspan="2">300～350</td></tr>
<tr><td rowspan="3">氮肥</td><td>尿素</td><td colspan="2">4～5</td><td colspan="2">4～5</td><td colspan="2">3～4</td></tr>
<tr><td>或硫铵</td><td colspan="2">9～12</td><td colspan="2">9～12</td><td colspan="2">7～9</td></tr>
<tr><td>或碳铵</td><td colspan="2">11～14</td><td colspan="2">11～14</td><td colspan="2">8～11</td></tr>
<tr><td>磷肥</td><td>磷酸二铵</td><td colspan="2">15～20</td><td colspan="2">13～17</td><td colspan="2">11～15</td></tr>
<tr><td>钾肥</td><td>硫酸钾</td><td colspan="2">6～7</td><td colspan="2">5～7</td><td colspan="2">5～6</td></tr>
<tr><td colspan="8">追肥推荐方案</td></tr>
<tr><td colspan="2" rowspan="2">施肥时期</td><td colspan="2">低肥力</td><td colspan="2">中肥力</td><td colspan="2">高肥力</td></tr>
<tr><td>尿素</td><td>硫酸钾</td><td>尿素</td><td>硫酸钾</td><td>尿素</td><td>硫酸钾</td></tr>
<tr><td colspan="2">薯块膨大期</td><td>18～21</td><td>14～17</td><td>16～19</td><td>13～15</td><td>14～18</td><td>11～14</td></tr>
</table>

1. 基肥

每亩施用农家肥 2 500～30 00 kg 或商品有机肥 300～400 kg，尿素 4～5 kg，磷酸二铵 13～17 kg，硫酸钾 5～7 kg。

2. 追肥

薯块膨大期追肥，每亩施用尿素 16～19 kg，硫酸钾 13～15 kg。

3.根外追肥

甘薯生长中后期,根系总吸收能力减弱,一般采用根外追肥。用0.5%尿素稀释液,或2%～3%过磷酸钙液,或5%草木灰水,或0.2%磷酸二氢钾溶液等叶面喷雾。6～7 d喷一次,喷2～3次,每亩每次喷施60～70 kg溶液。

第七节 紫花苜蓿需肥特点及施肥技术

一、需肥特点

紫花苜蓿是多年生豆科牧草。紫花苜蓿的生育期可以分为苗期、分枝期、现蕾期、开花期、成熟期、休眠期6个阶段。

每生产紫花苜蓿干草1 000 kg需要氮(N)12.5 kg,磷(P_2O_5)3.5 kg,钾(K_2O)12.5 kg。氮是苜蓿体内的重要结构元素,也是苜蓿新陈代谢所必需的营养元素,开花前至开花期苜蓿干物质中含氮量一般不低于4.4%,含氮量的临界水平是4.0%。由于苜蓿是豆科作物,可以固氮,因此对氮的需求低于磷和钾。磷在苜蓿体内的含量通常在0.2%～0.5%,临界水平为0.2%～0.25%,低于0.2%为缺磷。磷对苜蓿增产有重要作用,施磷可以增加叶片和茎枝数目,促进根系发育。苜蓿的需钾量很大,含钾量通常高达2.4%,临界水平为1.8%。缺钾造成苜蓿蛋白质含量降低、品质下降。钙、镁、硫对苜蓿生长发育、生理生化反应有一定的作用。苜蓿对钙的吸收量为1.3%～1.6%,苜蓿体内镁的分布不均匀,缺镁苜蓿就会褪绿,影响生长,苜蓿对硫的需要量也很大,硫不足时蛋白质合成受阻,叶片细长,分枝减少,成熟推迟。苜蓿对锌属于中等敏感作物,锌可以提高苜蓿种子的千粒重。硼是影响苜蓿种子形成的重要微量元素。钼是共生的固氮微生物所必需,对固氮有重要作用。

二、施肥技术

紫花苜蓿年生育期每亩施肥量为农家肥 1 500～2 000 kg(或商品有机肥 250～300 kg),氮肥(N)8～10 kg,磷肥(P_2O_5)7～9 kg,钾肥(K_2O)8～9 kg。有机肥作基肥,氮、钾肥分基肥和追肥,磷肥全部作基肥,化肥和农家肥(或商品有机肥)混合施用。建议接种根瘤菌(表 3-13 和表 3-14)。

表 3-13　紫花苜蓿推荐施肥量　　kg/亩

肥力等级	目标产量	推荐施肥量		
		纯氮	五氧化二磷	氧化钾
低肥力	600～800	9～11	8～10	9～10
中肥力	800～1 000	8～10	7～9	8～9
高肥力	1 000～1 200	7～9	6～8	7～8

表 3-14　紫花苜蓿测土配方施肥推荐卡　　kg/亩

<table>
<tr><td colspan="8">基肥推荐方案</td></tr>
<tr><td colspan="2">肥力水平</td><td colspan="2">低肥力</td><td colspan="2">中肥力</td><td colspan="2">高肥力</td></tr>
<tr><td colspan="2">产量水平</td><td colspan="2">600～800</td><td colspan="2">800～1 000</td><td colspan="2">1 000～1 200</td></tr>
<tr><td rowspan="2">有机肥</td><td>农家肥</td><td colspan="2">2 000～2 500</td><td colspan="2">1 500～2 000</td><td colspan="2">1 000～1 500</td></tr>
<tr><td>或商品有机肥</td><td colspan="2">300～350</td><td colspan="2">250～300</td><td colspan="2">200～250</td></tr>
<tr><td rowspan="3">氮肥</td><td>尿素</td><td colspan="2">5～6</td><td colspan="2">5～6</td><td colspan="2">4～5</td></tr>
<tr><td>或硫铵</td><td colspan="2">12～14</td><td colspan="2">12～14</td><td colspan="2">9～12</td></tr>
<tr><td>或碳铵</td><td colspan="2">14～16</td><td colspan="2">14～16</td><td colspan="2">11～14</td></tr>
<tr><td>磷肥</td><td>磷酸二铵</td><td colspan="2">17～22</td><td colspan="2">15～20</td><td colspan="2">13～17</td></tr>
<tr><td rowspan="2">钾肥</td><td>硫酸钾</td><td colspan="2">9～10</td><td colspan="2">8～9</td><td colspan="2">7～8</td></tr>
<tr><td>或氯化钾</td><td colspan="2">8～9</td><td colspan="2">7～8</td><td colspan="2">6～7</td></tr>
<tr><td colspan="8">追肥推荐方案</td></tr>
<tr><td colspan="2" rowspan="2">施肥时期</td><td colspan="2">低肥力</td><td colspan="2">中肥力</td><td colspan="2">高肥力</td></tr>
<tr><td>尿素</td><td>硫酸钾</td><td>尿素</td><td>硫酸钾</td><td>尿素</td><td>硫酸钾</td></tr>
<tr><td colspan="2">每次刈割后</td><td>4～5</td><td>4～5</td><td>3～4</td><td>5～5</td><td>3～4</td><td>3～4</td></tr>
</table>

1.基肥

亩施农家肥1 500～2 000 kg或商品有机肥250～300 kg，尿素5～6 kg，磷酸二铵15～20 kg，氯化钾7～8 kg。钙、镁、硫一般不特别施用，可通过专用肥或复合肥施入，微量元素对于根瘤形成、促进固氮、提高产量有重要作用，土壤供应不足的情况下，可以根据缺素情况每亩基施硼砂0.5～1 kg，或硫酸锌0.5～1 kg，或钼酸铵30～50 g。

2.追肥

每次刈割都会带走一定的养分，因此在刈割后应进行追肥，一般每次亩施尿素4 kg，氯化钾4～5 kg。

3.根外追肥

如发生缺素症状，可采用叶面喷肥，有针对性地喷施0.3%磷酸二氢钾水溶液，缺钼可以喷施0.02%钼酸铵水溶液，缺锌可喷施0.2%硫酸锌水溶液，缺硼可喷施0.2%硼砂水溶液，以补充磷钾和微量元素的不足。

第四章 蔬菜作物施肥技术

第一节 黄瓜需肥特点与施肥技术

一、需肥特点

黄瓜为一年生攀缘性草本植物。黄瓜适宜在疏松、肥沃、透气性好、排灌条件好的土壤上栽培，适宜沙壤土，黏重土壤不利于黄瓜根系发育，有机质含量高的土壤能平衡黄瓜根系喜湿而不耐劳、喜肥而不耐肥的矛盾。黄瓜的生育周期大致分为发芽期、幼苗期、开花期和结瓜期。

一般认为，每 1 000 kg 黄瓜需氮(N)2.8～3.2 kg，磷(P_2O_5)0.8～1.3 kg，钾(K_2O)3.6～4.4 kg，钙 2.3～3.8 kg，镁 0.6～0.7 kg。生育前期养分需求量较小，随生育期的推进，养分吸收量显著增加，到结瓜期时达到吸收高峰，到结瓜后期，生长速度减慢，养分吸收量减少。在全生育期内，氮素养分吸收量持续增加，进入果实采收期急剧增加，黄瓜是喜硝态氮作物，在只供给铵态氮时，叶片变小，生长缓慢，钙、镁吸收量降低，且常发生缺钙的生理障碍，使产量降低。黄瓜对磷的吸收量初期较少，到果实膨大期和采收期增加。黄瓜对钾的吸收量最多，其次是氮，钾对黄瓜全生育期的正常生长十分重要，吸钾量从生育初期到采收末期一直直线增加。黄瓜的营养生长与生殖生长并进时间长，产量高，需肥量大，但黄瓜喜肥不耐肥，要根据黄瓜的需肥特点合理施肥。

二、施肥技术

黄瓜全生育期每亩施肥量为农家肥 3 000～3 500 kg(或商品有机肥 400～450 kg)，氮肥(N)14～18 kg，磷肥(P_2O_5)6～8 kg，钾肥(K_2O)9～11 kg。有机肥作基肥，氮、钾肥分基肥和追肥，每次追肥量平均分配，磷肥全部作基肥，化肥和农家肥(或商品有机肥)混合施用(表 4-1 和表 4-2)。

1. 基肥

基肥施用农家肥每亩 3 000～3 500 kg 或商品有机肥每亩 400～450 kg，尿素 4～5 kg，磷酸二铵 13～17 kg，硫酸钾 3～4 kg。

2. 追肥

第一次追肥在根瓜收获后，以后在每次采摘后或每隔 10～15 d 追肥一次，每次亩施尿素 7～8 kg，硫酸钾 5～6 kg。

3. 根外追肥

结瓜盛期可以叶面喷施 1%尿素水溶液，为了补充磷、钾元素的不足，可在结瓜期叶面喷施 0.5%磷酸二氢钾，土壤微量元素不足时可补充微量元素，叶面喷施 0.1%硼砂或多元素微肥 2～3 次。设施栽培可增施二氧化碳气肥。

表 4-1 黄瓜推荐施肥量 kg/亩

肥力等级	目标产量	推荐施肥量		
		纯氮	五氧化二磷	氧化钾
低肥力	2 500～3 500	16～20	8～10	11～13
中肥力	3 500～4 500	14～18	6～8	9～11
高肥力	4 500～5 500	13～16	5～6	7～9

表 4-2　黄瓜测土配方施肥推荐卡　kg/亩

<table>
<tr><td colspan="8">基肥推荐方案</td></tr>
<tr><td colspan="2">肥力水平</td><td colspan="2">低肥力</td><td colspan="2">中肥力</td><td colspan="2">高肥力</td></tr>
<tr><td colspan="2">产量水平</td><td colspan="2">2 500～3 500</td><td colspan="2">3 500～4 500</td><td colspan="2">4 500～5 500</td></tr>
<tr><td rowspan="2">有机肥</td><td>农家肥</td><td colspan="2">3 500～4 000</td><td colspan="2">3 000～3 500</td><td colspan="2">2 500～3 000</td></tr>
<tr><td>或商品有机肥</td><td colspan="2">450～500</td><td colspan="2">400～450</td><td colspan="2">350～400</td></tr>
<tr><td rowspan="3">氮肥</td><td>尿素</td><td colspan="2">5～6</td><td colspan="2">4～5</td><td colspan="2">4～5</td></tr>
<tr><td>或硫铵</td><td colspan="2">12～14</td><td colspan="2">9～12</td><td colspan="2">9～12</td></tr>
<tr><td>或碳铵</td><td colspan="2">14～16</td><td colspan="2">11～14</td><td colspan="2">11～14</td></tr>
<tr><td>磷肥</td><td>磷酸二铵</td><td colspan="2">17～22</td><td colspan="2">13～17</td><td colspan="2">11～13</td></tr>
<tr><td rowspan="2">钾肥</td><td>硫酸钾</td><td colspan="2">4</td><td colspan="2">3～4</td><td colspan="2">2～3</td></tr>
<tr><td>或氯化钾</td><td colspan="2">3</td><td colspan="2">3</td><td colspan="2">2～3</td></tr>
<tr><td colspan="8">追肥推荐方案</td></tr>
<tr><td colspan="2" rowspan="2">施肥时期</td><td colspan="2">低肥力</td><td colspan="2">中肥力</td><td colspan="2">高肥力</td></tr>
<tr><td>尿素</td><td>硫酸钾</td><td>尿素</td><td>硫酸钾</td><td>尿素</td><td>硫酸钾</td></tr>
<tr><td colspan="2">第一次在根瓜收获后，以后每 15 d 左右追肥一次</td><td>8～9</td><td>7～8</td><td>7～8</td><td>5～6</td><td>7～8</td><td>3～5</td></tr>
</table>

第二节　番茄需肥特点与施肥技术

一、需肥特点

番茄为一年生草本植物，属于茄果类蔬菜。番茄对土壤要求不太严格，但适宜土层深厚、排水良好、富含有机质的肥沃土壤。番茄的生育周期大致分为发芽期、幼苗期、开花坐果期和结果期。

番茄产量高，需肥量大，耐肥能力强，番茄生长发育不仅需要氮、磷、钾大量元素，还需要钙、镁等中微量元素，番茄对钾、钙、镁的需要量较大。一般认为，每 1 000 kg 番茄需氮(N)2.1～

3.4 kg,磷(P_2O_5)0.64～1.0 kg,钾(K_2O)3.7～5.3 kg,钙(CaO)2.5～4.2 kg,镁(MgO) 0.43～0.90 kg。番茄在不同生育时期对养分的吸收量不同,其吸收量随着植株的生长发育而增加,在幼苗期以氮素营养为主,在第1穗果开始结果时,对氮、磷、钾的吸收量迅速增加,氮在三要素中占50%,钾只占32%,到结果盛期和开始收获期,氮只占36%,而钾已占50%。氮素可促进番茄茎叶生长,叶色增绿,有利于蛋白质的合成。磷能够促进幼苗根系生长发育,花芽分化,提早开花结果,改善品质,番茄对磷的吸收不多,但对磷敏感。钾可增强番茄的抗性,促进果实发育,提高品质。番茄缺钙果实易发生脐腐病、心腐病及空洞果。番茄对缺铁、缺锰和缺锌都比较敏感。番茄生长量大、产量高,需肥量大,并且番茄采收期较长,必须有充足的营养才能满足其茎叶生长和陆续开花结果的需要,所以番茄施肥应施足基肥,及时追肥,并且需要边采收边供给养分。

二、施肥技术

番茄全生育期每亩施肥量为农家肥3 000～3 500 kg(或商品有机肥400～450 kg),氮肥(N)17～20 kg,磷肥(P_2O_5)6～8 kg,钾肥(K_2O)11～14 kg。有机肥作基肥,氮、钾肥分基肥和追肥施用,磷肥全部作基肥,化肥和农家肥(或商品有机肥)混合施用(表4-3和表4-4)。

1. 基肥

基肥不仅能改善土壤结构,为番茄生长创造良好的生态环境,最为重要的是缓慢有效地补充土壤中氮、磷、钾和微量元素,提供前期生长发育所需的营养元素。基肥施用农家肥每亩3 000～3 500 kg或商品有机肥每亩400～450 kg,尿素5～6 kg,磷酸二铵13～17 kg,硫酸钾7～8 kg。

表 4-3　番茄推荐施肥量　kg/亩

肥力等级	目标产量	推荐施肥量		
		纯氮	五氧化二磷	氧化钾
低肥力	3 000～4 000	19～22	7～10	12～15
中肥力	4 000～5 000	17～20	6～8	11～14
高肥力	5 000～6 000	15～18	5～7	10～12

表 4-4　番茄测土配方施肥推荐卡　kg/亩

基肥推荐方案				
肥力水平		低肥力	中肥力	高肥力
产量水平		3 000～4 000	4 000～5 000	5 000～6 000
有机肥	农家肥	3 500～4 000	3 000～3 500	2 500～3 000
	或商品有机肥	450～500	400～450	350～400
氮肥	尿素	5～6	5～6	4～5
	或硫铵	12～14	12～14	9～12
	或碳铵	14～16	14～16	11～14
磷肥	磷酸二铵	15～22	13～17	11～15
钾肥	硫酸钾	7～9	7～8	6～7
	或氯化钾	6～8	6～7	5～6

追肥推荐方案						
施肥时期	低肥力		中肥力		高肥力	
	尿素	硫酸钾	尿素	硫酸钾	尿素	硫酸钾
第 1 穗果膨大	9～10	5～6	8～9	5～6	7～8	4～5
第 2 穗果膨大	12～14	7～8	11～13	6～8	10～12	6～7
第 3 穗果膨大	9～10	5～6	8～9	5～6	7～8	4～5

2. 追肥

第 1 穗果开始膨大时，根系吸收养分能力旺盛，此时养分供应十分重要，追肥可以供给果实迅速膨大所需要的养分，是番茄一生中重点追肥期。进入果实旺长期后，需肥量较多，如果供肥不足，会造成植株早衰，果实发育不饱满，果肉薄，品质差，追肥可以达到壮秧、防早衰、促进果实膨大和提高果实品质的目的。第1穗果膨大期亩施尿素8～9 kg,硫酸钾5～6 kg;第2穗果膨大期亩施尿素11～13 kg,硫酸钾6～8 kg;第3穗果膨大期亩施尿素8～9 kg,硫酸钾5～6 kg。

3.根外追肥

为提高产量和品质,延长结果期,防止早衰,结果后期应进行根外追肥,第1穗果至第3穗果膨大期,叶面喷施0.3%～0.5%尿素和磷酸二氢钾。缺钙时可叶面喷施0.5%硝酸钙水溶液。土壤微量元素供应不足时,可以叶面喷施微量元素水溶肥料2～3次。设施栽培增施二氧化碳气肥,是增加光合强度、提高产量的有效措施。

第三节　茄子需肥特点与施肥技术

一、需肥特点

茄子是茄科茄属植物。茄子生育期长,采摘期长,产量高,养分吸收量大,适于富含有机质、土层深厚、保水保肥能力强、通气排水良好的土壤。茄子的生育周期大致分为发芽期、幼苗期和结果期。

一般来说,每1 000 kg茄子需氮(N)3.2 kg,五氧化二磷(P_2O_5)0.94 kg,氧化钾(K_2O)4.5 kg。茄子不同生育期对养分吸收量不同,对氮、磷、钾的吸收量随着生育期的延长而增加。幼苗期对养分的吸收量不大,但对养分的丰缺非常敏感,养分供应状况影响幼苗的生长和花芽分化。从幼苗期到开花结果期对养分的吸收量逐渐增加,开始采收果实后茄子进入需要养分量最大的时期,此时对氮钾的吸收量急剧增加,对磷、钙、镁的吸收量也有所增加,但不如钾和氮明显。茄子对各种养分的吸收特性也不同,氮素对茄子各生育期都是重要的,在生长的任何时期缺氮,都会对开花结实产生极其不良的影响。从定植到采收结束,茄子对氮的吸收量呈直线增加趋势,在生育盛期氮的吸收量最高,充足的氮素供应可以保证足够的叶面积,促进果实的发育。磷影响茄子的花芽分化,所以前期要注意满足磷的供应。随着果实的膨大和进入生育盛期,茄子对磷素的吸收量增加,但茄子对磷的吸收量较少。茄子对钾的吸收量到生育中期都与氮相当,以后显著增高。在盛果期,氮和钾的吸收增多,如果肥料不足,植株生长不好。氮、磷、钾配合使用,可以相互促进。

二、施肥技术

茄子全生育期每亩施肥量为农家肥 3 000～3 500 kg(或商品有机肥 400～450 kg),氮肥(N)14～17 kg,磷肥(P_2O_5)4～6 kg,钾肥(K_2O)10--13 kg,有机肥作基肥,氮、钾肥分基肥和追肥,磷肥全部作基肥,化肥和农家肥(或商品有机肥)混合施用(表 4-5 和表 4-6)。

1.基肥

茄子生育期长,尤其是需肥量大的结果期很长,是需肥多而又耐肥的蔬菜作物,为保证全生育期的养分供应,防止后期脱肥,必须施充足的肥料作基肥,施足基肥是获得高产的基础。基肥以有机肥为主,配合速效氮、磷、钾肥。一般施用农家肥每亩 3 000～3 500 kg 或商品有机肥 400～450 kg,尿素 4～5 kg,磷酸二铵 9～13 kg,硫酸钾 6～8 kg。

2.追肥

对茄膨大期亩施尿素 11～14 kg,硫酸钾 7～9 kg;四门斗膨大期追尿素 11～14 kg,硫酸钾 7～9 kg。

3. 根外追肥

缺钾地区可在茄子膨大期叶面喷施0.2%～0.5%磷酸二氢钾水溶液补充钾肥，还可根据土壤测试结果叶面喷施微量元素水溶肥料以补充微肥。设施栽培可增施二氧化碳气肥。

表 4-5 茄子推荐施肥量 kg/亩

肥力等级	目标产量	推荐施肥量		
		纯氮	五氧化二磷	氧化钾
低肥力	2 500～3 500	16～19	5～7	12～15
中肥力	3 500～4 500	14～17	4～6	10～13
高肥力	4 500～5 500	13～16	4～5	9～11

表 4-6 茄子测土配方施肥推荐卡 kg/亩

基肥推荐方案				
肥力水平		低肥力	中肥力	高肥力
产量水平		2 500～3 500	3 500～4 500	4 500～5 500
有机肥	农家肥	3 500～4 000	3 000～3 500	2 500～3 000
	或商品有机肥	450～500	400～450	350～400
氮肥	尿素	5	5	4～5
	或硫铵	12	12	9～12
	或碳铵	14	14	11～14
磷肥	磷酸二铵	11～15	9～13	9～11
钾肥	硫酸钾	7～9	6～8	5～7
	或氯化钾	6～8	5～7	4～6

追肥推荐方案						
施肥时期	低肥力		中肥力		高肥力	
	尿素	硫酸钾	尿素	硫酸钾	尿素	硫酸钾
对茄膨大期	13～15	9～10	11～14	7～9	10～14	6～8
四门斗膨大期	13～15	9～10	11～14	7～9	10～14	6～8

第四节　辣(甜)椒需肥特点与施肥技术

一、需肥特点

辣椒是一年生草本植物。辣椒对土壤有较强的适应性，以疏松、保水、保肥、肥沃、中性至微酸性土壤为宜。辣椒生育周期包括发芽期、幼苗期、开花结果期。

辣椒养分含量高，生长期长，需肥量大，一般认为每 1 000 kg 辣椒需氮(N)3.5～5.5 kg，五氧化二磷(P_2O_5)0.7～1.4 kg，氧化钾(K_2O)5.5～7.2 kg，钙(Ca)2～5 kg，镁(MgO)0.7～3.2 kg。辣椒幼苗期对养分的吸收量少，主要集中在结果期，此时吸收养分量最多。辣椒在各生育时期吸收营养元素的数量不同，对氮的吸收随生育进展稳步增加，果实产量增加，吸收量增加，对磷的吸收虽然随生育进展而增加，但吸收量变化的幅度较小，对钾的吸收在生育初期较少，从果实采收初期开始，吸收量明显增加，一直持续到结束。钙的吸收也随生育期的进展而增加，若在果实发育期供钙不足，易出现脐腐病。镁的吸收峰值出现在采果盛期，生育初期吸收较少。辣椒植株吸收的养分在各器官中的分配也随生育期不同而变化，氮素在结果期以前，主要分布在茎叶中，约占氮素吸收总量的 80%以上，随着果实的形成膨大，果实中分配的养分数量逐步增加，从开花至采收期果实中吸收量仅占 17.2%，采收盛期为 24.4%，收获结束前高达 33.6%。吸收的钙、镁主要分配在叶，其次是茎与果实，根中较少。

二、施肥技术

辣椒全生育期每亩施肥量为农家肥 3 000～3 500 kg(或商品有机肥 400～450 kg)，氮肥(N)18～22 kg，磷肥(P_2O_5)6～8 kg，

钾肥(K_2O)12～15 kg,有机肥作基肥,氮、钾肥分基肥和追肥,磷肥全部作基肥,化肥和农家肥(或商品有机肥)混合施用(表 4-7 和表 4-8)。

表 4-7 辣椒推荐施肥量 kg/亩

肥力等级	目标产量	推荐施肥量		
		纯氮	五氧化二磷	氧化钾
低肥力	2 000～3 000	21～24	7～9	14～16
中肥力	3 000～4 000	18～22	6～8	12～15
高肥力	4 000～5 000	17～20	5～7	10～13

表 4-8 辣椒测土配方施肥推荐卡 kg/亩

基肥推荐方案				
肥力水平		低肥力	中肥力	高肥力
产量水平		2 000～3 000	3 000～4 000	4 000～5 000
有机肥	农家肥	3 500～4 000	3 000～3 500	2 500～3 000
	或商品有机肥	450～500	400～450	350～400
氮肥	尿素	6～7	5～6	5～6
	或硫铵	14～16	12～14	12～14
	或碳铵	16～19	14～16	14～16
磷肥	磷酸二铵	15～20	13～17	11～15
钾肥	硫酸钾	8～10	7～9	6～8
	或氯化钾	7～9	6～8	5～7

追肥推荐方案						
施肥时期	低肥力		中肥力		高肥力	
	尿素	硫酸钾	尿素	硫酸钾	尿素	硫酸钾
门椒膨大期	10～11	6～7	9～10	5～6	8～10	4～5
对椒膨大期	14～15	8～9	12～14	7～8	12～13	6～7
四门斗膨大期	10～11	6～7	9～10	5～6	8～10	4～5

1. 基肥

基肥施用农家肥每亩 3 000～3 500 kg 或商品有机肥 400～

450 kg，尿素 5～6 kg，磷酸二铵 13～17 kg，硫酸钾 7～9 kg。

2. 追肥

门椒膨大期每亩施尿素 9～10 kg，硫酸钾 5～6 kg；对椒膨大期追施尿素 12～14 kg，硫酸钾 7～8 kg；四门斗膨大期亩施尿素 9～10 kg，硫酸钾 5～6 kg。

3. 根外追肥

出现缺钙、缺镁或缺硼症状时，可叶面喷施 0.3%氯化钙、1%硫酸镁或 0.1%～0.2%硼砂水溶液 2～3 次。设施栽培可增施二氧化碳气肥。

第五节　大白菜需肥特点与施肥技术

一、需肥特点

大白菜是十字花科芸薹属植物。适宜土层较深厚、供肥能力高的沙质壤土。大白菜的生长周期包括发芽期、幼苗期、莲座期、结球期。

大白菜生育期长，产量高，养分需求量极大，对钾的吸收量最多，其次是氮、钙、磷、镁。每 1 000 kg 大白菜约需要吸收氮（N）2.2 kg，磷（P_2O_5）0.94 kg，钾（K_2O）2.5 kg。由于大白菜不同生育时期的生长量和生长速度不同，对营养条件的需求也不相同。总的需肥特点是：苗期吸收养分较少，氮、磷、钾的吸收量不足总吸收量的 1%；莲座期明显增多，占总量的 30%左右；结球期吸收养分最多，占总量的 70%左右。各个时期吸收三要素的比例也不相同，发芽期至莲座期吸收的氮最多，钾次之，磷最少，结球期吸收钾最多，氮次之，磷最少，因为结球期需要较多的钾促进外叶中光合产物的制造，同时还需要大量的钾促进光合产物由外叶向叶球运输并贮藏。充足的氮素营养对促进形成肥大的绿叶和提高光合效率具有特别重要的意义,如果氮素供应不足,则会植株矮小,组织粗硬,严重减产;如果氮肥过多,叶大而薄,包心不实,品质差,不耐贮存。磷肥充足有利于叶球形成,钾能增加大白菜含糖量,加快结球速度,如果后期磷钾供应不足,往往不易结球。大白菜是喜钙作物,在不良的环境条件下发生生理缺钙时,往往会出现干烧心病,严重影响大白菜的产量和品质。

二、施肥技术

大白菜全生育期每亩施肥量为农家肥 2 000～2 500 kg(或商品有机肥 300～350 kg),氮肥(N)13～16 kg,磷肥(P_2O_5)5～8 kg,钾肥(K_2O)10～12 kg,有机肥作基肥,氮、钾肥分基肥和追肥,磷肥全部作基肥,化肥和农家肥(或商品有机肥)混合施用(表4-9 和表 4-10)。

1.基肥

施足基肥是大白菜获得高产的基础。基肥施用农家肥每亩 2 000～2 500 kg 或商品有机肥 300～350 kg,尿素 4～5 kg,磷酸二铵 11～17 kg,硫酸钾 6～7 kg,缺钙土壤施用硝酸钙 20 kg。

2.追肥

大白菜莲座期生长速度和生长量都较大,是产量形成的重要时期,是为结球打基础的时期,对养分的吸收量增加,充足的肥水供应保证莲座叶旺盛生长是丰产的关键。结球期是同化作用最强、大量积累养分而形成产品的时期,需肥量最大,结球期必须供给充足的肥料。一般莲座期可以亩施尿素 10～12 kg,硫酸钾 7～9 kg,结球初期亩施尿素 10～12 kg,硫酸钾 7～9 kg。

表 4-9　大白菜推荐施肥量　kg/亩

肥力等级	目标产量	推荐施肥量		
		纯氮	五氧化二磷	氧化钾
低肥力	4 000～5 000	15～18	7～9	12～14
中肥力	5 000～6 000	13～16	5～8	10～12
高肥力	6 000～7 000	12～15	4～7	8～10

表 4-10　大白菜测土配方施肥推荐卡　kg/亩

基肥推荐方案				
肥力水平		低肥力	中肥力	高肥力
产量水平		4 000～5 000	5 000～6 000	6 000～7 000
有机肥	农家肥	2 500～3 000	2 000～2 500	1 500～2 000
	或商品有机肥	350～400	300～350	250～300
氮肥	尿素	4～5	4～5	3～4
	或硫铵	9～12	9～12	7～9
	或碳铵	11～14	11～14	8～11
磷肥	磷酸二铵	15～20	11～17	9～15
钾肥	硫酸钾	7～8	6～7	5～6
	或氯化钾	6～7	5～6	4～5

追肥推荐方案						
施肥时期	低肥力		中肥力		高肥力	
	尿素	硫酸钾	尿素	硫酸钾	尿素	硫酸钾
莲座期	11～14	9～10	10～12	7～9	10～12	5～7
结球初期	11～14	9～10	10～12	7～9	10～12	5～7

3. 根外追肥

在生长期喷施 0.3%氯化钙溶液或 0.25%～0.50%硝酸钙溶液，可降低干烧心发病率。在结球初期喷施 0.5%～1.0%尿素或 0.2%磷酸二氢钾溶液，可提高大白菜的净菜率，提高商品价值。土壤微量元素供应不足的情况下可叶面喷施微量元素水溶肥料。

第六节 结球甘蓝需肥特点与施肥技术

一、需肥特点

结球甘蓝为十字花科芸薹属草本植物。结球甘蓝对土壤适应性较强，喜疏松的中性或微酸性壤土或沙壤土。结球甘蓝的生长周期包括发芽期、幼苗期、莲座期、结球期。

结球甘蓝产量高，喜肥耐肥，一般认为每 1 000 kg 产量需吸收氮(N)4.1～6.5 kg，磷(P_2O_5)1.2～1.9 kg，钾(K_2O)4.9～6.8 kg。结球甘蓝的生育期不同，对氮、磷、钾等养分的吸收量不同。从播种到开始结球，生长量逐渐增大，氮、磷、钾的吸收量也逐渐增加，前期氮、磷的吸收量为总吸收量的 15%～20%，而钾的吸收量较少，为 6%～10%，开始结球后，养分吸收量迅速增加，在结球的 30～40 d 内，氮、磷的吸收量占总吸收量的 80%～85%，而钾的吸收量最多，占总吸收量的 90%。结球甘蓝对钙和硼敏感，缺钙容易发生心叶尖端枯死或叶球内部腐烂等症状，降低其商品品质，土壤干燥、氮肥过量、土壤含盐量过高等都会抑制甘蓝对钙的吸收，缺硼生长点黄化或枯死，嫩叶的叶柄上产生龟裂，茎上也会产生开裂，在生长期内应适量补充钙和硼。

二、施肥技术

结球甘蓝全生育期每亩施肥量为农家肥 2 500～3 000 kg(或商品有机肥 350～400 kg)，氮肥(N)15～18 kg，磷肥(P_2O_5)6～7 kg，钾肥(K_2O)8～11 kg。有机肥作基肥，氮、钾肥分基肥和追肥，磷肥全部作基肥，化肥和农家肥(或商品有机肥)混合施用(表 4-11 和表 4-12)。

表 4-11　结球甘蓝推荐施肥量　kg/亩

肥力等级	目标产量	推荐施肥量		
		纯氮	五氧化二磷	氧化钾
低肥力	1 500～2 000	17～20	7～8	10～13
中肥力	2 000～2 500	15～18	6～7	8～11
高肥力	2 500～3 000	13～16	5～6	7～9

表 4-12　结球甘蓝测土配方施肥推荐卡　kg/亩

基肥推荐方案				
肥力水平		低肥力	中肥力	高肥力
产量水平		1 500～2 000	2 000～2 500	2 500～3 000
有机肥	农家肥	3 000～3 500	2 500～3 000	2 000～2 500
	或商品有机肥	400～450	350～400	300～350
氮肥	尿素	5～6	4～5	4～5
	或硫铵	12～14	9～12	9～12
	或碳铵	14～16	11～14	11～14
磷肥	磷酸二铵	15～17	13～15	11～13
钾肥	硫酸钾	6～8	5～7	4～5
	或氯化钾	5～7	4～6	3～4

追肥推荐方案						
施肥时期	低肥力		中肥力		高肥力	
	尿素	硫酸钾	尿素	硫酸钾	尿素	硫酸钾
莲座期	8～9	4～5	7～8	3～5	6～8	3～4
结球初期	11～13	6～7	10～12	4～6	8～11	4～5
结球中期	8～9	4～5	7～8	3～5	6～8	3～4

1. 基肥

基肥施用农家肥每亩 2 500～3 000 kg 或商品有机肥 350～400 kg，尿素 4～5 kg，磷酸二铵 13～15 kg，硫酸钾 5～7 kg。

2. 追肥

莲座期亩施尿素 7～8 kg，硫酸钾 3～5 kg；结球初期亩施尿素 10～12 kg，硫酸钾 4～6 kg；结球中期亩施尿素 7～8 kg，硫酸钾 3～5 kg。

3. 根外追肥

在结球初期可叶面喷施 0.2%磷酸二氢钾溶液。土壤中、微量及供应不足情况下，可叶面喷施中、微量元素肥料，缺钙可在生长中期叶面喷施 0.3%～0.5%氯化钙或硝酸钙溶液，缺硼可以喷施 0.1%～0.2%硼砂溶液。设施栽培可增施二氧化碳气肥。

第七节　芹菜需肥特点与施肥技术

一、需肥特点

芹菜为伞形花科芹菜属草本植物。芹菜是蔬菜中要求土壤肥力较高的种类之一，适宜有机质丰富、保水保肥能力强的壤土或黏壤土。芹菜生长周期大致可分为苗期和旺盛生长期两个阶段。

一般来说，芹菜每 1 000 kg 产量需吸收氮(N)2.55 kg，磷(P_2O_5)1.36 kg，钾(K_2O)3.67 kg，吸收比例为 1∶0.5∶1.4。芹菜属于绿叶菜类速生蔬菜，在生长过程中对养分的吸收量与生长量的增长是一致的，不同养分的吸收量虽然不同，但吸收动态是一样的，即随着生长量的增加，养分吸收量增加。芹菜生长发育还需要钙、硼等中微量元素，芹菜对硼的需要量很大，在缺硼的土壤或由于干旱低温抑制吸收时，叶柄易横裂，即“茎折病”，严重影响产量和品质，因此生产上应注意补施硼肥。

二、施肥技术

芹菜全生育期每亩施肥量为农家肥 2 500～3 000 kg(或商品有机肥 350～400 kg)，氮肥(N)13～16 kg，磷肥(P_2O_5)5～6 kg，

钾肥(K_2O)6～9 kg,有机肥作基肥,氮、钾肥分基肥和追肥,磷肥全部作基肥,化肥和农家肥(或商品有机肥)混合施用(表 4-13 和表 4-14)。

表 4-13 芹菜推荐施肥量 kg/亩

肥力等级	目标产量	推荐施肥量		
		纯氮	五氧化二磷	氧化钾
低肥力	3 000～4 000	15～18	6～7	8～11
中肥力	4 000～5 000	13～16	5～6	6～9
高肥力	5 000～6 000	11～14	4～5	5～8

表 4-14 芹菜测土配方施肥推荐卡 kg/亩

基肥推荐方案				
肥力水平		低肥力	中肥力	高肥力
产量水平		3 000～4 000	4 000～5 000	5 000～6 000
有机肥	农家肥	3 000～3 500	2 500～3 000	2 000～2 500
	或商品有机肥	400～450	350～400	300～350
氮肥	尿素	4～5	4～5	3～4
	或硫铵	9～12	9～12	7～9
	或碳铵	11～14	11～14	8～11
磷肥	磷酸二铵	13～15	11～13	9～11
钾肥	硫酸钾	5～7	4～5	3～5
	或氯化钾	4～6	3～4	2～4

追肥推荐方案						
施肥时期	低肥力		中肥力		高肥力	
	尿素	硫酸钾	尿素	硫酸钾	尿素	硫酸钾
心叶生长期	7～8	3～5	6～8	3～4	5～7	2～3
旺盛生长前期	10～12	4～6	8～11	3～5	7～9	3～4
旺盛生长中期	7～8	3～5	6～8	3～4	5～7	2～3

1. 基肥

基肥施用农家肥每亩 2 500～3 000 kg 或商品有机肥 350～

400 kg,尿素 4～5 kg,磷酸二铵 11～13 kg,硫酸钾 4～5 kg。

2. 追肥

在缓苗后心叶生长期亩施尿素 6～8 kg,硫酸钾 3～4 kg;旺盛生长前期亩施尿素 8～11 kg,硫酸钾 3～5 kg;旺盛生长中期亩施尿素 6～8 kg,硫酸钾 3～4 kg。

3. 根外追肥

芹菜定植后 30～60 d 期间是产品器官形成期,也是养分吸收高峰期,可叶面喷施 0.5%尿素或磷酸二氢钾水溶液 2～3 次。如果土壤中钙、硼养分不足,可用 0.3%～0.5%硝酸钙或氯化钙进行叶面喷洒,叶面喷施硼肥可在一定程度上避免茎裂的发生,可以叶面喷施 0.1%硼砂或硼酸溶液。设施栽培可增施二氧化碳气肥。

第八节 结球生菜需肥特点与施肥技术

一、需肥特点

结球生菜是菊科莴苣属草本植物。适宜有机质丰富、保水保肥能力强的微酸性黏壤或壤土。结球生菜的生育周期可分为发芽期、幼苗期、莲座期和结球期。

一般认为每 1 000 kg 结球生菜需要吸收氮(N)3.7 kg,磷(P_2O_5)1.45 kg,钾(K_2O)3.28 kg。结球生菜生长迅速,喜氮肥,生长初期吸肥量较小,在播后 70～80 d 进入结球期,养分吸收量急剧增加,在结球期的 1 个月里,氮的吸收量可以占到全生育期的 80%以上。磷、钾的吸收与氮相似,尤其是钾的吸收,不仅吸收量大,而且一直持续到收获。幼苗期缺磷对生长影响最大,结球期缺磷会影响生菜结球。结球期缺钾,严重影响叶片重量。

二、施肥技术

结球生菜全生育期每亩施肥量为农家肥 2 500～3 000 kg(或商品有机肥 350～400 kg),氮肥(N)14～17 kg,磷肥(P_2O_5)6～8 kg,钾肥(K_2O)11～13 kg。有机肥作基肥,氮、钾肥分基肥和追肥,磷肥全部作基肥。化肥和农家肥(或商品有机肥)混合施用(表 4-15 和表 4-16)。

表 4-15　结球生菜推荐施肥量　kg/亩

肥力等级	目标产量	推荐施肥量		
		纯氮	五氧化二磷	氧化钾
低肥力	2 000～2 500	16～19	7～9	12～14
中肥力	2 500～3 000	14～17	6～8	11～13
高肥力	3 000～3 500	12～15	5～7	10～12

表 4-16　结球生菜测土配方施肥推荐卡　kg/亩

基肥推荐方案							
肥力水平		低肥力		中肥力		高肥力	
产量水平		2 000～2 500		2 500～3 000		3 000～3 500	
有机肥	农家肥	3 000～3 500		2 500～3 000		2 000～2 500	
	或商品有机肥	400～450		350～400		300～350	
氮肥	尿素	4～5		4～5		3～4	
	或硫铵	9～12		9～12		7～9	
	或碳铵	11～14		11～14		8～11	
磷肥	磷酸二铵	15～20		13～17		11～15	
钾肥	硫酸钾	7～8		7～8		6～7	
	或氯化钾	6～7		6～7		5～6	
追肥推荐方案							
施肥时期		低肥力		中肥力		高肥力	
		尿素	硫酸钾	尿素	硫酸钾	尿素	硫酸钾
莲座期		12～14	9～10	11～14	8～9	10～12	7～9
结球初期		12～14	9～10	11～14	8～9	10～12	7～9

1.基肥

基肥施用农家肥每亩 2 500～3 000 kg 或商品有机肥 350～400 kg,尿素 4～5 kg,磷酸二铵 13～17 kg,硫酸钾 7～8 kg,土壤缺钙情况下,缺钙土壤每亩施硝酸钙 20 kg。

2.追肥

在莲座期亩施尿素 11～14 kg,硫酸钾 8～9 kg;结球初期亩施尿素 11～14 kg,硫酸钾 8～9 kg。

3.根外追肥

土壤缺钙情况下,可在莲座期叶面喷施 1%硝酸钙溶液,连续喷施 3 次,每隔 7 d 喷施一次,莲座期结束后停止喷施。设施栽培可增施二氧化碳气肥。

第九节　菜心需肥特点与施肥技术

一、需肥特点

菜心为十字花科芸薹属草本植物。菜心对土壤的适应性强,但在有机质含量高、地力肥沃的壤土或沙壤土上栽培,有利于获得优质高产。

菜心生长期短,生长量大,对肥水要求高。生长全期要求土壤有充足的养分和水分供应。菜心对氮、磷、钾三大要素的吸收量,以氮最多,钾次之,磷最少。一般来说,每生产 1 000 kg 菜薹,需吸收氮(N)2.2～3.6 kg,磷(P_2O_5)0.60～1.0 kg,钾(K_2O)1.1～3.8 kg。菜心的生长发育过程分为发芽期、幼苗期、叶片生长期、菜薹形成期。各生育期对氮、磷、钾的吸收量占全生育期吸收总量的大致比例是:幼苗期占 25%,叶片生长期占 20%,菜薹形成期占 50%～55%。菜心缓苗快,生长迅速,需肥量大,应及时追肥,要在充分施足有机肥的基础上及时追施速效肥。

二、施肥技术

菜心全生育期每亩施肥量为农家肥 2 500～3 000 kg(或商品有机肥 350～400 kg),氮肥(N)6～8 kg,磷肥(P_2O_5)3～5 kg,钾肥(K_2O)4～6 kg。有机肥作基肥,氮、钾肥分基肥和追肥,施肥比例为 4∶6,磷肥全部作基肥,化肥和农家肥(或商品有机肥)混合施用(表 4-17 和表 4-18)。

表 4-17　菜心推荐施肥量　kg/亩

肥力等级	目标产量	推荐施肥量		
		纯氮	五氧化二磷	氧化钾
低肥力	1 000～1 200	7～9	4～6	5～7
中肥力	1 200～1 800	6～8	3～5	4～6
高肥力	1 800～2 000	5～7	3～5	3～5

表 4-18　菜心测土配方施肥推荐卡　kg/亩

<table>
<tr><td colspan="8">基肥推荐方案</td></tr>
<tr><td colspan="2">肥力水平</td><td colspan="2">低肥力</td><td colspan="2">中肥力</td><td colspan="2">高肥力</td></tr>
<tr><td colspan="2">产量水平</td><td colspan="2">1 000～1 200</td><td colspan="2">1 200～1 800</td><td colspan="2">1 800～2 000</td></tr>
<tr><td rowspan="2">有机肥</td><td>农家肥</td><td colspan="2">3 000～3 500</td><td colspan="2">2 500～3 000</td><td colspan="2">2 000～2 500</td></tr>
<tr><td>或商品有机肥</td><td colspan="2">400～450</td><td colspan="2">350～400</td><td colspan="2">300～350</td></tr>
<tr><td rowspan="3">氮肥</td><td>尿素</td><td colspan="2">5～6</td><td colspan="2">4～5</td><td colspan="2">3～4</td></tr>
<tr><td>或硫铵</td><td colspan="2">12～14</td><td colspan="2">9～12</td><td colspan="2">7～9</td></tr>
<tr><td>或碳铵</td><td colspan="2">14～16</td><td colspan="2">11～14</td><td colspan="2">8～11</td></tr>
<tr><td>磷肥</td><td>磷酸二铵</td><td colspan="2">9～13</td><td colspan="2">7～11</td><td colspan="2">7～11</td></tr>
<tr><td rowspan="2">钾肥</td><td>硫酸钾</td><td colspan="2">5～7</td><td colspan="2">4～6</td><td colspan="2">3～5</td></tr>
<tr><td>或氯化钾</td><td colspan="2">4～6</td><td colspan="2">3～5</td><td colspan="2">2～4</td></tr>
<tr><td colspan="8">追肥推荐方案</td></tr>
<tr><td colspan="2" rowspan="2">施肥时期</td><td colspan="2">低肥力</td><td colspan="2">中肥力</td><td colspan="2">高肥力</td></tr>
<tr><td>尿素</td><td>硫酸钾</td><td>尿素</td><td>硫酸钾</td><td>尿素</td><td>硫酸钾</td></tr>
<tr><td colspan="2">抽薹期</td><td>7～8</td><td>5～7</td><td>6～8</td><td>4～6</td><td>5～7</td><td>3～5</td></tr>
</table>

1. 基肥

基肥施用农家肥每亩 2 500～3 000 kg 或商品有机肥 350～400 kg，尿素 4～5 kg，磷酸二铵 7～11 kg，硫酸钾 4～6 kg。

2. 追肥

在抽薹期亩施尿素 6～8 kg，硫酸钾 4～6 kg。

第十节　胡萝卜需肥特点与施肥技术

一、需肥特点

胡萝卜为伞形科草本植物。适宜在土层深厚、保水和排水良好的肥沃沙质壤土中种植。过于黏重的土壤或施用未腐熟的基肥，都会妨碍肉质根的正常生长，产生畸形根。胡萝卜生育期分为发芽期、幼苗期、叶片生长盛期和肉质根生长盛期。

一般认为每 1 000 kg 胡萝卜需要吸收氮(N)2.4～4.3 kg，磷(P_2O_5)0.7～1.7 kg，钾(K_2O)5.7～11.7 kg。胡萝卜生育初期生长迟缓，中后期根系开始膨大时生长急速增加，养分吸收也随着生长量的加大而增加。在播种后的 2 个月内，各要素的吸收量不大，随着根部的膨大，吸收量显著增加，吸收量以钾最多，其次是氮、钙、磷和镁，依次减少。在收获时叶片中的钾最多，其次是氮、钙、镁，磷很少。而在根部中钾和氮最多，其次是磷、钙和镁。胡萝卜对氮的要求以前期为主，在播种后 30～50 d，适量追施氮肥很有必要，如在此期缺氮，根的直径明显减小，肉质根膨大不良。胡萝卜对磷的吸收较少，约为吸氮量的 1/3。当土壤中有效磷含量少时，增施磷肥的效果明显，随着施肥量增加，产量亦有增加的趋势。施用磷肥作基肥，有益于植株早期生长和后期根系膨大。钾对胡萝卜的影响主要是使肉质根膨大。当土壤缺钾时，应该加强钾肥的施用，特别是在肉质根膨大期，需追施钾肥。胡萝卜对钙的吸收较多，缺钙时易引起空心病，但钙含量过多时会使胡萝卜糖分和胡萝卜素含量下降。胡萝卜对镁元素的吸收量不多，但镁含量越多，其含糖量和胡萝卜素含量也越多，品质越好，基肥中施用钙镁磷肥，可增加土壤中的钙镁含量。胡萝卜生长还需要钼和硼，缺钼植株生长不良，植株矮小，缺硼根系不发达，生长点死亡，外部变黑。

二、施肥技术

胡萝卜全生育期每亩施肥量为农家肥 2 000～2 500 kg（或商品有机肥 300～350 kg），氮肥（N）8～11 kg，磷肥（P_2O_5）5～6 kg，钾肥（K_2O）10～12 kg，有机肥作基肥，氮、钾肥分基肥和追肥，磷肥全部作基肥，化肥和农家肥（或商品有机肥）混合施用（表 4-19 和表 4-20）。

1. 基肥

基肥施用农家肥每亩 2 000～2 500 kg 或商品有机肥 300～350 kg，尿素 3～4 kg，磷酸二铵 11～13 kg，硫酸钾 7～9 kg。

2. 追肥

肉质根膨大前期亩施尿素 6～9 kg，硫酸钾 5～7 kg，肉质根膨大盛期亩施尿素 5～7 kg，硫酸钾 5～7 kg。

3. 根外追肥

土壤缺硼可分别于幼苗期、叶片生长盛期各喷施一次，肉质根膨大期喷施 2 次 0.10%～0.25%硼酸溶液或硼砂溶液。缺钼可叶面喷施 0.05%～0.1%钼酸铵溶液 1～2 次。

表 4-19　胡萝卜推荐施肥量　　kg/亩

肥力等级	目标产量	推荐施肥量		
		纯氮	五氧化二磷	氧化钾
低肥力	2 500～3 000	10～12	6～7	11～13
中肥力	3 000～3 500	8～11	5～6	10～12
高肥力	3 500～4 000	7～10	4～5	9～11

表 4-20 胡萝卜测土配方施肥推荐卡 kg/亩

基肥推荐方案				
肥力水平		低肥力	中肥力	高肥力
产量水平		2 500～3 000	3 000～3 500	3 500～4 000
有机肥	农家肥	2 500～3 000	2 000～2 500	1 500～2 000
	或商品有机肥	350～400	300～350	250～300
氮肥	尿素	3～4	3～4	2～3
	或硫铵	7～9	7～9	5～7
	或碳铵	8～11	8～11	5～8
磷肥	磷酸二铵	13～15	11～13	9～11
钾肥	硫酸钾	8～10	7～9	6～8
	或氯化钾	7～9	6～8	5～7

追肥推荐方案						
施肥时期	低肥力		中肥力		高肥力	
	尿素	硫酸钾	尿素	硫酸钾	尿素	硫酸钾
肉质根膨大初期	8～9	6～7	6～9	5～7	5～8	5～6
肉质根膨大盛期	6～7	6～7	5～7	5～7	4～6	5～6

第十一节 花椰菜需肥特点与施肥技术

一、需肥特点

花椰菜是十字花科芸薹属甘蓝种草本植物。花椰菜对土壤的适应性较强，适宜有机质丰富、保水保肥能力强的沙壤土和壤土。花椰菜的生育周期包括发芽期、幼苗期、莲座期、花球形成期。

花椰菜由于生长期长，对养分需求量大，需要量最多的是氮和钾，花椰菜在整个生长过程中对氮肥的需要量较大，特别是叶簇生长旺盛时期需氮肥更多，而对磷和钾的吸收则集中于花球生长阶段。另外对硼、镁、钙、钼的需要量也比较大。一般来说，每生产花椰菜 1 000 kg 产品约需氮 13.4 kg，五氧化二磷 3.93 kg，氧化钾 9.59 kg，吸收比例为 1∶0.3∶0.7。花椰菜的生育期不同，对养分的需求量不同，在未出现花蕾前，吸收养分少，随着花蕾的出现和膨大，植株对营养的吸收急速增加，花球膨大盛期是花椰菜吸收养分最多、速度最快的时期，因此在花芽分化和花球发育过程中，如果氮素供应不足，会使叶片中养分向花球运输，下部叶片变黄甚至脱落，同时还要保证磷、钾养分的充分供应，因此花球的膨大期要施足肥料。花椰菜需钙量较高，是典型的喜钙作物。土壤缺钙或由于其他环境因素造成生理缺钙时，往往会出现叶缘干枯的症状，影响蔬菜的产量和品质。花椰菜需硼也比较多，对硼反应很敏感，缺硼易引起叶柄发生龟裂或发生小叶，花茎中心开裂，花球出现褐色斑点并略带苦味，影响产量和质量。花椰菜对钼有特殊要求，缺钼的典型症状是“鞭尾病”。

二、施肥技术

花椰菜全生育期每亩施肥量为农家肥 2 500～3 000 kg（或商品有机肥 350～400 kg），氮肥（N）20～23 kg，磷肥（P_2O_5）6～8 kg，钾肥（K_2O）11～14 kg，有机肥作基肥，氮、钾肥分基肥和追肥，磷肥全部作基肥，化肥和农家肥（或商品有机肥）混合施用（表 4-21 和表 4-22）。

1. 基肥

基肥施用农家肥每亩 2 500～3 000 kg 或商品有机肥 350～400 kg，尿素 6 kg，磷酸二铵 13～17 kg，硫酸钾 7～8 kg，硼砂0.5 kg。

2. 追肥

莲座期亩施尿素 10～11 kg，硫酸钾 5～6 kg；花球形成初期亩施尿素 13～15 kg，硫酸钾 6～8 kg，花球形成中期亩施尿素 10～11 kg，硫酸钾 5～6 kg。

3. 根外追肥

缺钙可在莲座期至结球期叶面喷施0.3%～0.5%氯化钙或硝酸钙水溶液。缺硼可在花球形成初期和中期叶面喷施0.1%～0.2%硼砂溶液。缺镁可叶面喷施0.2%～0.4%硫酸镁溶液1～2次。

表4-21 花椰菜推荐施肥量 kg/亩

肥力等级	目标产量	推荐施肥量		
		纯氮	五氧化二磷	氧化钾
低肥力	1 500～2 000	22～25	7～10	13～16
中肥力	2 000～2 500	20～23	6～8	11～14
高肥力	2 500～3 000	18～21	5～7	10～12

表4-22 花椰菜测土配方施肥推荐卡 kg/亩

基肥推荐方案				
肥力水平		低肥力	中肥力	高肥力
产量水平		1 500～2 000	2 000～2 500	2 500～3 000
有机肥	农家肥	3 000～3 500	2 500～3 000	2 000～2 500
	或商品有机肥	400～450	350～400	300～350
氮肥	尿素	6～7	6	5～6
	或硫铵	14～16	14	12～14
	或碳铵	16～19	16～16	14～16
磷肥	磷酸二铵	15～22	13～17	11～15
钾肥	硫酸钾	8～10	7～8	6～7
	或氯化钾	7～8	6～7	5～6

追肥推荐方案						
施肥时期	低肥力		中肥力		高肥力	
	尿素	硫酸钾	尿素	硫酸钾	尿素	硫酸钾
莲座期	11～12	5～7	10～11	5～6	9～10	4～5
花球初期	15～16	7～9	13～15	6～8	12～14	6～7
花球中期	11～12	5～7	10～11	5～6	9～10	4～5

第十二节　菠菜需肥特点与施肥技术

一、需肥特点

菠菜为藜科菠菜属草本植物。适宜在肥沃的中性或微碱性的沙壤土上栽培。

菠菜为速生蔬菜，生长期短，生长速度快，产量高，需肥量大。每 1 000 kg 菠菜需要吸收氮(N)2.48 kg，磷(P_2O_5)0.86 kg，钾(K_2O)5.29 kg。氮肥充足可使叶部生长旺盛，不仅提高产量，增进品质，而且可以延长供应期。由于菠菜根群小且分布于浅土层中，因此，在施基肥的基础上，要追施充足的速效性肥料。肥料以氮肥为主，兼施磷、钾肥。肥水不足时，菠菜植株营养器官不发达，易早抽薹，从而影响商品产量。

二、施肥技术

菠菜全生育期每亩施肥量为农家肥 2 000～2 500 kg(或商品有机肥 200～250 kg)，氮肥(N)8～11 kg，磷肥(P_2O_5)3～4 kg，钾肥(K_2O)5～7 kg，有机肥作基肥，氮、钾肥分基肥和追肥，磷肥全部作基肥，化肥和农家肥(或商品有机肥)混合施用(表 4-23 和表 4-24)。

1. 基肥

基肥施用农家肥每亩 2 000～2 500 kg 或商品有机肥 200～250 kg，尿素 3～4 kg，磷酸二铵 7～9 kg 或过磷酸钙 20 kg，硫酸钾 5～7 kg。

2. 追肥

生长旺盛期亩施尿素 13～16 kg，硫酸钾 6～8 kg。

表 4-23 菠菜推荐施肥量 kg/亩

肥力等级	目标产量	推荐施肥量		
		纯氮	五氧化二磷	氧化钾
低肥力	1 500～2 000	9～12	4～5	6～8
中肥力	2 000～2 500	8～11	3～4	5～7
高肥力	2 500～3 000	7～10	3～4	4～6

表 4-24 菠菜测土配方施肥推荐卡 kg/亩

<table>
<tr><td colspan="8">基肥推荐方案</td></tr>
<tr><td colspan="2">肥力水平</td><td colspan="2">低肥力</td><td colspan="2">中肥力</td><td colspan="2">高肥力</td></tr>
<tr><td colspan="2">产量水平</td><td colspan="2">1 500～2 000</td><td colspan="2">2 000～2 500</td><td colspan="2">2 500～3 000</td></tr>
<tr><td rowspan="2">有机肥</td><td>农家肥</td><td colspan="2">2 500～3 000</td><td colspan="2">2 000～2 500</td><td colspan="2">1 500～2 000</td></tr>
<tr><td>或商品有机肥</td><td colspan="2">150～200</td><td colspan="2">200～250</td><td colspan="2">250～300</td></tr>
<tr><td rowspan="3">氮肥</td><td>尿素</td><td colspan="2">3～4</td><td colspan="2">3～4</td><td colspan="2">2～4</td></tr>
<tr><td>或硫铵</td><td colspan="2">7～9</td><td colspan="2">7～9</td><td colspan="2">5～7</td></tr>
<tr><td>或碳铵</td><td colspan="2">8～11</td><td colspan="2">8～11</td><td colspan="2">5～8</td></tr>
<tr><td>磷肥</td><td>磷酸二铵</td><td colspan="2">9～11</td><td colspan="2">7～9</td><td colspan="2">7～9</td></tr>
<tr><td rowspan="2">钾肥</td><td>硫酸钾</td><td colspan="2">6～8</td><td colspan="2">5～7</td><td colspan="2">4～6</td></tr>
<tr><td>或氯化钾</td><td colspan="2">5～7</td><td colspan="2">4～6</td><td colspan="2">3～5</td></tr>
<tr><td colspan="8">追肥推荐方案</td></tr>
<tr><td colspan="2" rowspan="2">施肥时期</td><td colspan="2">低肥力</td><td colspan="2">中肥力</td><td colspan="2">高肥力</td></tr>
<tr><td>尿素</td><td>硫酸钾</td><td>尿素</td><td>硫酸钾</td><td>尿素</td><td>硫酸钾</td></tr>
<tr><td colspan="2">生长旺盛期</td><td>13～18</td><td>6～8</td><td>13～16</td><td>6～8</td><td>10～14</td><td>4～6</td></tr>
</table>

第十三节 芥蓝需肥特点与施肥技术

一、需肥特点

芥蓝是十字花科芸薹属中以花薹为产品的草本植物。栽培芥蓝应选择排灌方便、土层深厚、富含有机质的中性或微酸性沙壤土或壤土。芥蓝的生育期可分为种子发芽期、幼苗期、叶丛生期、花薹形成期。

芥蓝对氮、磷、钾三要素的吸收，以钾最多，氮次之，磷最少，每株芥蓝吸收氮 0.58～0.73 g，磷 0.11～0.15 g，钾 0.65～0.77 g，氮、磷、钾的吸收比例为 5.2∶1∶5.4。芥蓝各时期对氮、磷、钾的吸收量不同，需肥量随着其生长发育进程而不断增加。氮肥在幼苗期以前的吸收量占 2.5%，叶丛生期占 10.3%，菜薹形成期占 87.2%，对磷、钾及钙、镁的吸收动态与氮基本相同。芥蓝比较耐肥，吸收养分较多，又因根系浅，栽培时必须选择肥沃而富有有机质的壤土种植。芥蓝对有机肥料和无机肥料都能很好地利用，施肥应有机无机结合，施足基肥，适时追肥，追肥时以氮肥为主，适当增施磷钾肥。

二、施肥技术

芥蓝全生育期每亩施肥量为农家肥 2 500～3 000 kg（或商品有机肥 350～400 kg），氮肥（N）7～9 kg，磷肥（P_2O_5）3～5 kg，钾肥（K_2O）5～7 kg，有机肥作基肥，氮、钾肥分基肥和追肥，磷肥全部作基肥，化肥和农家肥（或商品有机肥）混合施用（表 4-25 和表 4-26）。

1. 基肥

基肥施用农家肥每亩 2 500～3 000 kg 或商品有机肥 350～400 kg，尿素 5～6 kg，磷酸二铵 7～11 kg，硫酸钾 5～7 kg。

2. 追肥

茎叶迅速生长期亩施尿素 7～9 kg，硫酸钾 5～7 kg。

3. 根外追肥

在现蕾至菜薹形成期间，可用 0.3%～0.4%的磷酸二氢钾进行叶面喷施，对提高产量有一定作用。

表 4-25 芥蓝推荐施肥量 kg/亩

肥力等级	目标产量	推荐施肥量		
		纯氮	五氧化二磷	氧化钾
低肥力	1 000～1 500	8～10	4～6	6～8
中肥力	1 500～2 000	7～9	3～5	5～7
高肥力	2 000～2 500	6～8	3～5	4～6

表 4-26 芥蓝测土配方施肥推荐卡 kg/亩

基肥推荐方案				
肥力水平		低肥力	中肥力	高肥力
产量水平		1 000～1 500	1 500～2 000	2 000～2 500
有机肥	农家肥	3 000～3 500	2 500～3 000	2 000～2 500
	或商品有机肥	400～450	350～400	300～350
氮肥	尿素	6～7	5～6	4～5
	或硫铵	14～16	12～4	9～12
	或碳铵	16～19	14～6	11～14
磷肥	磷酸二铵	9～13	7～11	7～11
钾肥	硫酸钾	6～8	5～7	4～6
	或氯化钾	5～7	4～6	3～5

追肥推荐方案					
施肥时期	低肥力		中肥力		高肥力	
	尿素	硫酸钾	尿素	硫酸钾	尿素	硫酸钾
茎叶迅速生长期	8～10	6～8	7～9	5～7	6～8	4～6

第十四节　大萝卜需肥特点与施肥技术

一、需肥特点

大萝卜是十字花科大萝卜属草本植物。大萝卜对土壤的适应性比较广，为了获得高产优质的产品，仍以土层深厚、疏松、排水良好、比较肥沃的沙壤土为佳。大萝卜的生育期分为发芽期、幼苗期、叶片生长盛期和肉质根生长盛期。

大萝卜对氮、磷、钾的吸收量很大，是一种需肥量较高的高产作物，每生产 1 000 kg 大萝卜，需要从土壤中吸收氮(N)2.1～3.1 kg，磷(P_2O_5)0.8～1.9 kg，钾(K_2O)3.5～5.6 kg，其比例大致是1∶0.5∶1.8。大萝卜在不同生育期对养分的吸收量不同，养分吸收量随生长发育进行逐渐增加。生长初期对氮磷钾吸收较慢，随着生长吸收量加快，到肉质直根生长盛期，对氮磷钾的吸收量最多。大萝卜在不同生育期中对氮磷钾吸收量的差别很大，一般幼苗期吸氮量较多，磷钾的吸收量较少，进入肉质根膨大前期，植株对钾的吸收量显著增加，其次为氮和磷，到了肉质根膨大盛期是养分吸收高峰期，因此，保证这一时期的营养充足是大萝卜丰产的关键。萝卜对氮敏感，缺氮会降低萝卜的产量，而且愈在生育初期缺氮，对产量的影响愈大，氮素过剩，磷、钾不足，则会造成地上部分贪青徒长。萝卜与其他十字花科蔬菜一样，由于土壤干旱等原因容易导致出现缺钙或缺硼症状，缺钙时距离生长点近的叶片尖端枯死，缺硼时根的心部变成褐色，即所谓的褐色烂心病。

二、施肥技术

大萝卜全生育期每亩施肥量为农家肥 3 000～3 500 kg(或商品有机肥 350～400 kg)，氮肥(N)14～16 kg，磷肥(P_2O_5)6～

8 kg,钾肥(K_2O)9～11 kg,有机肥作基肥,氮、钾肥分基肥和追肥,磷肥全部作基肥,化肥和农家肥(或商品有机肥)混合施用(表4-27和表4-28)。

表 4-27 大萝卜推荐施肥量 kg/亩

肥力等级	目标产量	推荐施肥量		
		纯氮	五氧化二磷	氧化钾
低肥力	3 000～3 500	15～18	7～9	10～12
中肥力	3 500～4 000	14～16	6～8	9～11
高肥力	4 000～4 500	13～15	5～7	8～10

表 4-28 大萝卜测土配方施肥推荐卡 kg/亩

基肥推荐方案				
肥力水平		低肥力	中肥力	高肥力
产量水平		3 000～3 500	3 500～4 000	4 000～4 500
有机肥	农家肥	3 500～4 000	3 000～3 500	2 500～3 000
	或商品有机肥	400～450	350～400	300～350
氮肥	尿素	5～6	5～6	5
	或硫铵	12～14	12～14	12
	或碳铵	14～16	14～16	14
磷肥	磷酸二铵	15～20	13～17	11～15
钾肥	硫酸钾	6～7	5～7	5～6
	或氯化钾	5～6	4～6	4～5

追肥推荐方案						
施肥时期	低肥力		中肥力		高肥力	
	尿素	硫酸钾	尿素	硫酸钾	尿素	硫酸钾
肉质根膨大初期	12～14	8～10	11～13	8～9	11～12	7～8
肉质根膨大盛期	9～11	6～7	9～10	5～6	8～9	4～6

1.基肥

基肥施用农家肥每亩3 000～3 500 kg或商品有机肥350～400 kg,尿素5～6 kg,磷酸二铵13～17 kg,硫酸钾5～7 kg。

2. 追肥

肉质根膨大前期亩施尿素 11～13 kg，硫酸钾 8～9 kg，肉质根膨大盛期亩施尿素 9～10 kg，硫酸钾 5～6 kg。

3. 根外追肥

在生长中后期，可用 0.3%硝酸钙和 0.2%硼酸叶面喷施 2～3 次，以防缺钙、缺硼。同时可叶面喷施 0.2%磷酸二氢钾以提高产量和品质。

第十五节 菜豆需肥特点与施肥技术

一、需肥特点

菜豆是豆科一年生缠绕性草本植物。菜豆对土壤条件的要求比其他豆类高，适宜土层深厚肥沃、排水良好和透气性良好的土壤。菜豆的生育周期主要分为发芽期、幼苗期、抽蔓期、开花结荚期。

菜豆生育期中吸收氮钾较多，每生产 1 000 kg 菜豆需要氮(N)3.37 kg，磷(P_2O_5)2.26 kg，钾(K_2O)5.93 kg。菜豆根瘤菌不甚发达，固氮能力较差，合理施氮有利于增产和改进品质，但氮过多会引起落花和延迟成熟。对磷肥的需求虽不多，但缺磷使植株和根瘤菌发育不良，开花结荚减少，荚内籽粒少，产量低，因此应适当补充磷肥。钾能明显影响菜豆的生长和产量，土壤中钾肥不足，影响产量。微量元素硼和钼对菜豆的生长发育和根瘤菌的活动有良好的作用，缺乏这些元素就会影响植株的生长发育，适量施用钼酸铵可以提高菜豆的产量和品质。矮生菜豆生育期短，发育早，从开花盛期起就进入旺盛生长期，嫩荚开始生长时，茎叶中的无机养分转向嫩荚，荚果成熟期，磷的吸收量逐渐增加而吸氮量逐渐减少。蔓性种生长发育比较缓慢，开始大量吸收养分的时间也迟，从嫩荚伸长起才旺盛吸收，但其吸收量大，生育后期仍需吸收多量的氮肥，荚果伸长期茎叶中无机养分向荚果的转移量比矮生菜豆少。

所以矮生菜豆宜早期追肥，促早发育，开花结果多，蔓性菜豆应后期追肥，防止早衰，延长结果期，增加产量。菜豆喜硝态氮，铵态氮多时影响发育，植株中上部叶子会褪绿，且叶面稍有凹凸，根发黑，根瘤少而小，甚至看不到根瘤。

二、施肥技术

菜豆全生育期每亩施肥量为农家肥 2 500～3 000 kg(或商品有机肥 350～400 kg)，氮肥(N)8～10 kg，磷肥(P_2O_5)5～6 kg，钾肥(K_2O)9～11 kg，有机肥作基肥，氮、钾肥分基肥和追肥，磷肥全部作基肥。化肥和农家肥(或商品有机肥)混合施用(表 4-29 和表 4-30)。

1. 基肥

基肥施用农家肥每亩 2 500～3 000 kg 或商品有机肥 350～400 kg，尿素 3～4 kg，磷酸二铵 11～13 kg，硫酸钾 6～8 kg。

2. 追肥

抽蔓期亩施尿素 6～9 kg，硫酸钾 4～6 kg，开花结荚期亩施尿素 5～7 kg，硫酸钾 4～6 kg。

3. 根外追肥

结荚盛期，用 0.3%～0.4%磷酸二氢钾或微量元素水溶肥料叶面喷施 3～4 次，每隔 7～10 d 一次。设施栽培可补充二氧化碳气肥。

表 4-29 菜豆推荐施肥量 kg/亩

肥力等级	目标产量	推荐施肥量		
		纯氮	五氧化二磷	氧化钾
低肥力	1 000～1 500	10～12	6～7	10～12
中肥力	1 500～2 000	8～10	5～6	9～11
高肥力	2 000～2 500	6～8	4～5	8～10

表 4-30　菜豆测土配方施肥推荐卡　kg/亩

基肥推荐方案				
肥力水平		低肥力	中肥力	高肥力
产量水平		1 000～1 500	1 500～2 000	2 000～2 500
有机肥	农家肥	3 000～3 500	2 500～3 000	2 000～2 500
	或商品有机肥	400～450	350～400	300～350
氮肥	尿素	3～4	3～4	2～3
	或硫铵	7～9	7～9	5～7
	或碳铵	8～11	8～11	5～8
磷肥	磷酸二铵	13～15	11～13	9～11
钾肥	硫酸钾	7～9	6～8	5～7
	或氯化钾	6～8	5～7	4～6

追肥推荐方案						
施肥时期	低肥力		中肥力		高肥力	
	尿素	硫酸钾	尿素	硫酸钾	尿素	硫酸钾
抽蔓期	8～9	5～6	6～9	4～6	5～8	4～6
开花结荚期	6～7	5～6	5～7	4～6	4～8	4～6

第十六节　西瓜需肥特点与施肥技术

一、需肥特点

西瓜是葫芦科西瓜属一年生蔓性草本植物。西瓜一生按生长发育特点不同可划分为发芽期、幼苗期、抽蔓期、结瓜期 4 个时期。西瓜对土壤适应性较广，适宜在土层深厚、排水良好、肥沃的沙壤土和壤土上栽培。但沙土地一般比较瘠薄，肥料分解和养分消耗流失比较快，植株生长后期容易发生脱肥现象，易于早衰，因此合理施肥是沙土地西瓜优质高产的重要措施。

一般认为每 1 000 kg 商品瓜所需氮（N）5.08 kg，磷（P_2O_5）

1.56 kg，钾(K_2O)6.4 kg。氮能促进植株正常生长发育，叶片葱绿，瓜蔓健壮；磷能促进碳水化合物的运输，有利于果实糖分的积累，改善果实的风味，同时对根系生长、种子发育和果实成熟有促进作用；钾能促进茎蔓生长健壮和提高茎蔓的韧性，增强抗寒、抗病及防风的能力。西瓜整个生育期对氮、磷、钾三要素的吸收中，以钾最多，氮次之，磷最少。西瓜不同生育阶段对氮、磷、钾的吸收量和吸收比例不同。发芽期吸收量极少，仅占全生育期吸收量的0.01%，幼苗期吸收量也较少，仅占全生育期的0.54%，伸蔓期吸收量增加，约占全生育期的14.67%，以上3个时期以营养生长为主，吸收氮肥所占比例都较大。结果期吸肥量最多，约占整个生育期的84.78%，其中吸收钾的量最多，特别是在果实膨大期，吸收量最多，与改善西瓜品质密切相关，由此可见西瓜后期营养的重要。

二、施肥技术

西瓜全生育期每亩施肥量为农家肥3 000～3 500 kg(或商品有机肥400～450 kg)，氮肥(N)20～23 kg，磷肥(P_2O_5)7～9 kg，钾肥(K_2O)8～11 kg，可根据作物品种、产量和土壤肥力调整施肥量。有机肥作基肥，氮肥、钾肥分基肥和追肥，磷肥全部作基肥，化肥和农家肥(或商品有机肥)混合施用(表4-31和表4-32)。

1.基肥

基肥施用农家肥每亩3 000～3 500 kg或商品有机肥400～450 kg，尿素6 kg，磷酸二铵15～20 kg，硫酸钾5～7 kg。

2.追肥

伸蔓期亩施尿素10～11 kg，硫酸钾3～5 kg；果实膨大初期亩施尿素13～15 kg，硫酸钾4～6 kg；果实膨大中期亩施尿素10～11 kg，硫酸钾3～5 kg。

3. 根外追肥

在西瓜果实膨大初期和中期，可叶面喷施0.2%～0.5%磷酸二氢钾加0.1%硼砂和0.5%硫酸亚铁等微量元素水溶液，既可防早衰增加抗病能力，又能提高西瓜品质。设施栽培条件下，在西瓜旺盛生长时可增施二氧化碳气肥。

表4-31　西瓜推荐施肥量　kg/亩

肥力等级	目标产量	推荐施肥量		
		纯氮	五氧化二磷	氧化钾
低肥力	3 000～3 500	22～24	8～10	10～12
中肥力	3 500～4 000	20～23	7～9	8～11
高肥力	4 000～4 500	18～21	6～8	7～9

表4-32　西瓜测土配方施肥推荐卡　kg/亩

基肥推荐方案				
肥力水平		低肥力	中肥力	高肥力
产量水平		3 000～3 500	3 500～4 000	4 000～4 500
有机肥	农家肥	3 500～4 000	3 000～3 500	2 500～3 000
	或商品有机肥	450～500	400～450	350～400
氮肥	尿素	6～7	6	5～6
	或硫铵	14～16	14	12～14
	或碳铵	16～19	16	14～16
磷肥	磷酸二铵	17～22	15～20	13～17
钾肥	硫酸钾	6～7	5～7	4～6

追肥推荐方案						
施肥时期	低肥力		中肥力		高肥力	
	尿素	硫酸钾	尿素	硫酸钾	尿素	硫酸钾
伸蔓期	10～11	4～5	10～11	3～5	9～10	3～4
果实膨大初期	14～15	6～7	13～15	4～6	12～14	4～6
果实膨大中期	10～11	4～5	10～11	3～5	9～10	3～4

第十七节 甜瓜需肥特点与施肥技术

一、需肥特点

甜瓜又名香瓜，是葫芦科甜瓜属蔓性植物。甜瓜一生按生长发育特点不同可划分为发芽期、幼苗期、抽蔓期、结瓜期 4 个时期。甜瓜对土壤条件要求不高，在沙土、沙壤土、黏土上均可种植，以疏松、土层厚、土质肥沃、通气良好的沙壤土为最好，但沙壤土保水、保肥能力差，有机质含量少，肥力差，植株生育后期容易早衰，影响果实的品质和产量，所以沙质土壤种植甜瓜，在生长发育中后期要加强肥水管理，增施有机肥，改善土壤的保水、保肥能力。

甜瓜需肥量大，形成 1 000 kg 产品需吸收氮（N）2.5～3.5 kg，磷（P_2O_5）1.3～1.7 kg，钾（K_2O）4.4～6.8 kg，钙（CaO）5.0 kg，镁（MgO）1.1 kg，硅（Si）1.5 kg。营养元素在甜瓜的产量形成、品质提高中起着重要的作用，供氮充足时，叶色浓绿，生长旺盛，氮不足时则叶片发黄，植株瘦小。但生长前期若氮素过多，易导致植株疯长，结果后期植株吸收氮素过多，会延迟果实成熟，且果实含糖量低。磷能促进蔗糖和淀粉的合成，提高甜瓜果实的含糖量，缺磷会使植株叶片老化，植株早衰。钾有利于植株进行光合作用及原生质的生命活动，促进糖的合成，施钾能促进光合产物的合成和运输，提高产量，并能减轻枯萎病的危害。钙和硼不仅影响果实糖分含量，而且影响果实外观，钙不足时，果实表面网纹粗糙，泛白，缺硼时果肉易出现褐色斑点。甜瓜对养分吸收以幼苗期吸肥最少，开花后氮、磷、钾吸收量逐渐增加，氮、钾吸收高峰在坐果后 16～17 d，坐果后 26～27 d 就急剧下降，磷、钙吸收高峰在坐果后 26～27 d，并延续至果实成熟。开花到果实膨大末期的 1 个月左右时间内，是甜瓜吸收养分最多的时期，也是肥料的最大效率期。在甜瓜栽培中，铵态氮肥比硝态氮肥肥效差，且铵态氮会影响含糖量，因此应尽量选用硝态氮肥。甜瓜为忌氯作物，不宜施用氯化铵、氯化钾等肥料。

二、施肥技术

甜瓜全生育周期亩施肥量为有机肥 3 000～3 500 kg（或商品有机肥 400～450 kg），氮肥（N）18～21 kg，磷肥（P_2O_5）6～8 kg，钾肥（K_2O）8～10 kg。有机肥作基肥，氮、钾肥分基肥和追施，磷肥全部基施，化肥和农家肥（或商品有机肥）混合施用（表 4-33 和表 4-34）。

1. 基肥

基肥以有机肥为主，配合适量化肥。一般施用农家肥每亩 3 000～3 500 kg 或商品有机肥 400～450 kg，尿素 5～6 kg，磷酸二铵 13～17 kg，硫酸钾 5～6 kg。

2. 追肥

伸蔓期亩施尿素 9～10 kg，硫酸钾 3～4 kg。果实膨大初期亩施尿素 12～14 kg，硫酸钾 4～6 kg。果实膨大中期亩施尿素 9～10 kg，硫酸钾 3～4 kg。

3. 根外追肥

坐果后每隔 7 d 左右喷一次 0.3%磷酸二氢钾溶液，连喷 2～3 次。土壤微量元素供应不足可以叶面喷施微量元素水溶肥料。冬春季大棚栽培特早熟甜瓜，可人工补充二氧化碳气肥。

表 4-33　甜瓜推荐施肥量　　kg/亩

肥力等级	目标产量	推荐施肥量		
		纯氮	五氧化二磷	氧化钾
低肥力	1 500～2 000	21～22	7～9	9～12
中肥力	2 000～2 500	18～21	6～8	8～10
高肥力	2 500～3 000	17～20	6～7	7～9

表 4-34 甜瓜测土配方施肥推荐卡 kg/亩

基肥推荐方案				
肥力水平		低肥力	中肥力	高肥力
产量水平		1 500～2 000	2 000～2 500	2 500～3 000
有机肥	农家肥	3 500～4 000	3 000～3 500	2 500～3 000
	或商品有机肥	450～500	400～450	350～400
氮肥	尿素	6	5～6	5～6
	或硫铵	14	12～14	12～14
	或碳铵	16	14～16	14～16
磷肥	磷酸二铵	15～20	13～17	11～15
钾肥	硫酸钾	5～7	5～6	4～5

追肥推荐方案						
施肥时期	低肥力		中肥力		高肥力	
	尿素	硫酸钾	尿素	硫酸钾	尿素	硫酸钾
伸蔓期	10	4～5	9～10	3～4	8～10	3～4
果实膨大初期	13～14	5～6	12～14	4～6	12～13	4～5
果实膨大中期	10	4～5	9～10	3～4	8～10	3～4

第十八节 草莓需肥特点与施肥技术

一、需肥特点

草莓属于多年生宿根性草本植物。草莓对土壤条件的选择并不十分严格，在各种类型的土壤上均能生长，但要达到高产优质应选择栽培在疏松、肥沃、透气性好的土壤上。

草莓生长需要氮、磷、钾及硼、镁、锌、铁、钙等多种中、微量元素。一般认为，每生产 1 000 kg 草莓需要吸收氮(N)3.1～6.2 kg，磷(P_2O_5)1.4～2.1 kg，钾(K_2O)4～8.3 kg。草莓苗期吸收养分较少，开花后逐渐增多，随着果实的生长，氮、磷、钾吸收量也随之增加。不同生育期草莓需肥特点不同，生长早期需磷，早中期大量需氮，整个生长期需钾。一旦某种元素缺乏，植株就会表现出相应的缺素症状，应及时采取补救措施。一般开始缺氮时特别是生长盛期，叶子逐渐由绿色向淡绿色转变，随着缺氮的加重叶片变成黄色，局部枯焦而且比正常叶略小。幼叶随着缺氮程度的加剧，叶片反而更绿。老叶的叶柄和花萼呈微红色，叶色较淡或呈现锯齿状亮红色。缺磷植株生长弱，发育缓慢，叶色带青铜暗绿色，缺磷加重时，上部叶片外观呈现紫红的斑点，较老叶片也有这种特征。缺磷植株上的花和果比正常植株小。含钙较多或酸度高的土壤以及疏松的沙土或有机质多的土壤易发生缺磷现象。缺钾的症状常发生于新成熟的上部叶片，叶片边缘常出现黑色、褐色和干枯继而为灼伤，还在大多数叶片的叶脉之间向中心发展，老叶片受害严重，缺钾草莓的果实颜色浅、味道差。出现缺素症状时应及时进行营养调控。

二、施肥技术

草莓全生育期亩施肥量为有机肥 3 000～3 500 kg（或商品有机肥 450～500 kg），氮肥（N）14～16 kg，磷肥（P_2O_5）6～8 kg，钾肥（K_2O）8～10 kg。有机肥作基肥，氮、钾分基肥和追施，磷肥全部基施，化肥和农家肥（或商品有机肥）混合施用（表 4-35 和表 4-36）。

1. 基肥

基肥以有机肥为主，配合适量化肥。一般施用农家肥每亩 3 000～3 500 kg 或商品有机肥 450～500 kg，尿素 5～6 kg，磷酸二铵 15～20 kg，硫酸钾 5～6 kg。

2. 追肥

开花期一般亩施尿素 9～10 kg，硫酸钾 4～6 kg。浆果膨大期一般亩施尿素 11～13 kg，硫酸钾 7～8 kg。

3. 根外追肥

花期前后叶面喷施0.3%尿素、0.3%磷酸二氢钾、0.3%硼砂3～4次，可提高坐果率，并可改善果实品质，增加单果重。初花期和盛花期喷施0.2%硫酸钙加0.05%硫酸锰(体积1∶1)，可提高产量及果实贮藏性能。

表4-35 草莓推荐施肥量 kg/亩

肥力等级	目标产量	推荐施肥量		
		纯氮	五氧化二磷	氧化钾
低肥力	2 500～3 000	15～17	7～9	9～11
中肥力	3 000～3 500	14～16	6～8	8～10
高肥力	3 500～4 000	13～15	6～7	7～9

表4-36 草莓测土配方施肥推荐卡 kg/亩

基肥推荐方案				
肥力水平		低肥力	中肥力	高肥力
产量水平		2 500～3 000	3 000～3 500	3 500～4 000
有机肥	农家肥	3 500～4 000	3 000～3 500	2 500～3 000
	或商品有机肥	450～500	400～450	350～400
氮肥	尿素	5～6	5～6	5
	或硫铵	12～14	12～14	12
	或碳铵	14～16	14～16	14
磷肥	磷酸二铵	15～20	13～17	13～15
钾肥	硫酸钾	5～7	5～6	4～5
	或氯化钾	4～6	4～5	3～4

追肥推荐方案						
施肥时期	低肥力		中肥力		高肥力	
	尿素	硫酸钾	尿素	硫酸钾	尿素	硫酸钾
开花期	9～10	5～6	9～10	4～6	8～9	4～5
浆果膨大期	12～13	8～9	11～13	7～8	10～12	6～8

第五章　果树施肥技术

第一节　葡萄需肥特点与施肥技术

一、需肥特点

葡萄是落叶的多年生攀缘植物。葡萄根系发达，主要分布在40～60 cm深的土层。葡萄对土壤适应性很强，但以沙壤土最为适宜。

葡萄在生长发育过程中，需要氮、磷、钾、钙、硼、镁、铁、锌等多种元素。一般认为每生产1 000 kg葡萄果实需要吸收氮(N)3.8 kg，磷(P_2O_5)2.0～2.5 kg，钾(K_2O)4.0～5.0 kg，氮、磷、钾的吸收比例为1∶0.6∶1.2，可见葡萄是一种喜钾的浆果。葡萄生长前期需要较多的氮，生长后期需要较多的磷和钾。氮能够促进枝蔓生长，叶色增绿，果实膨大，花芽分化，对提高产量有重要作用。需氮量最大时期是从萌芽展叶至开花期前后直至幼果膨大期。氮肥不足时，植株枝蔓细弱，叶色变淡，果实发育不良，产量下降，氮肥过多时，枝蔓徒长，果实着色差，香味不浓，枝条成熟晚，抗寒力降低。磷对葡萄开花、受精和坐果起着重要作用，施磷对促进浆果成熟、提高果实品质有明显效果，施磷还有助于枝蔓充实和提高葡萄的抗寒力。缺磷时，易落花，果实发育不良，产量低，抗寒力差。需磷量最大时期是幼果膨大期至浆果着色成熟期。磷的吸收量是缓慢增加的，磷在葡萄内是一种可以再利用的元素，因此葡萄吸收磷的时期越早，对葡萄生长所发挥的作用越大。钾能够促进根系生长和枝条充实，提高和增加浆果的含糖量、风味、色泽、成熟度和耐贮性。缺钾时，叶色淡，叶缘枯焦，浆果含糖低，着色不良，枝条不充实，抗逆性低。需钾量最大是幼果膨大期至浆果着色成熟期，且在整个生长期内都吸收钾，随着浆果膨大、着色直至成熟，对钾的吸收量明显增加。因此，在整个果实膨大期应增施钾肥。

二、施肥技术

葡萄年生育周期亩施肥量为农家肥 3 000～3 500 kg（或商品有机肥 400～450 kg），氮肥（N）16～18 kg，磷肥（P_2O_5）7～8 kg，钾肥（K_2O）8～10 kg。有机肥作基肥，氮、钾分基肥和追施，磷肥全部基施，化肥和农家肥（或商品有机肥）混合施用（表 5-1 和表 5-2）。

1. 基肥

基肥以有机肥料为主，配合一定量的化肥。一般亩施农家肥 3 000～3 500 kg 或商品有机肥 400～450 kg，磷酸二铵 15～17 kg，尿素 6 kg，硫酸钾 5～6 kg。基肥在秋季开沟施入效果较好。

2. 追肥

开花期追肥促使葡萄花芽继续分化，肥料以氮钾为主，一般亩施尿素 13～14 kg，硫酸钾 7～8 kg。幼果膨大期追肥促使果实迅速膨大，肥料以氮钾为主，一般亩施尿素 10～11 kg，硫酸钾 4～6 kg。

3. 根外追肥

葡萄叶面喷施微量元素水溶肥料对提高产量和品质有较好的效果。开花前喷 0.2%～0.5%硼砂溶液能提高坐果率。坐果后到成熟前喷 3～4 次 0.3%磷酸二氢钾或过磷酸钙溶液，有提高产量、增进品质的效果。坐果期与果实生长期喷施 0.05%～0.1%硫酸锰溶液能增加浆果产量和含糖量。对缺铁失绿葡萄，重复喷施硫酸亚铁和柠檬酸铁、尿素铁等均有良好效果。当植株移栽根系尚未完全恢复时，喷施 0.2%～0.3%尿素可提高成活率，缩短缓苗期。

表 5-1　葡萄推荐施肥量　kg/亩

肥力等级	目标产量	推荐施肥量		
		纯氮	五氧化二磷	氧化钾
低肥力	1 000～1 500	17～20	8～9	10～11
中肥力	1 500～2 000	16～18	7～8	8～10
高肥力	2 000～2 500	14～16	6～8	7～9

表 5-2　葡萄测土配方施肥推荐卡　kg/亩

基肥推荐方案				
肥力水平		低肥力	中肥力	高肥力
产量水平		1 000～1 500	1 500～2 000	2 000～2 500
有机肥	农家肥	3 500～4 000	3 000～3 500	2 500～3 000
	或商品有机肥	450～500	400～450	350～400
氮肥	尿素	6～7	6	5～6
	或硫铵	14～16	14	12～14
	或碳铵	16～19	16	14～16
磷肥	磷酸二铵	17～20	15～17	13～17
钾肥	硫酸钾	6～7	5～6	4～5

追肥推荐方案						
施肥时期	低肥力		中肥力		高肥力	
	尿素	硫酸钾	尿素	硫酸钾	尿素	硫酸钾
开花期	14～16	8～9	13～14	7～8	11～13	6～8
幼果膨大期	11～13	6	10～11	4～6	9～10	4～5

第二节　苹果树需肥特点与施肥技术

一、需肥特点

苹果树是蔷薇科木本植物。苹果树对土壤适应范围广，但适宜地势平坦、土层深厚、排水良好、富含有机质的沙壤土和壤土。

苹果树的根系比较发达，且根系多集中在 20 cm 以下，可吸收深层土壤中的水分和养分，需注意深层土壤的改良与培肥。

一般认为每生产 1 000 kg 果实吸收氮(N)3.0～3.4 kg，磷(P_2O_5)0.8～1.1 kg，钾(K_2O)2.1～3.2 kg。苹果树对养分的需求主要是氮和钾，在保证氮肥用量的基础上，增加磷、钾肥，尤其是钾肥，可以提高果品质量。苹果树的需肥动态是，前期以氮为主，中后期以磷钾为主，对磷的吸收全年比较平稳，因此，前期以施氮肥为主，中后期以施钾肥为主，磷肥随基肥施入，以保证磷的全年供应。氮是苹果树需要量较大的营养元素之一，在一定范围内适当多施氮肥，有增加枝叶数量、增强树势和提高产量的作用。但若施用氮肥过多，则会引起树梢徒长不仅引起坐果率下降，产量降低，而且品质及耐贮性均更差，容易导致苦痘病等生理病害的发生。磷、钾也是苹果树需要量较大的营养元素，磷能促进根系的生长发育，磷还能促进花芽分化，增加坐果，增进果实着色、含糖量、硬度和耐贮性，增强果树抗逆性。钾能促进光合作用，促进新梢成熟，提高抗寒、抗旱、抗高温和抗病能力，钾在果实中含量最多，能肥大果实，促进成熟，提高含糖量，增进色泽，提高品质。苹果树除需大量元素外还需要中、微量元素，合理施用钙、硼、锌、铁等中、微量元素肥料对苹果树有重要作用。苹果缺钙容易发生苦痘病，生长期喷施氯化钙水浸液或硝酸钙水浸液有防治效果。施硼能提高苹果树的坐果率和产量，对防治苹果缩果病效果十分显著。缺锌的典型症状是小叶病，施锌对矫治苹果的小叶病效果显著，提高坐果率，增加产量，且能够提高叶片中的氮磷钙等的含量水平。用硫酸亚铁与尿素的混合液喷施对于苹果树缺铁失绿黄化有一定效果。

二、施肥技术

苹果树年生育周期亩施肥量为有机肥 3 000～3 500 kg(或商

品有机肥 400～450 kg)，氮肥(N)17～18 kg，磷肥(P_2O_5)7～8 kg，钾肥(K_2O)8～10 kg。有机肥作基肥，氮、钾分基肥和追施，磷肥全部基施，化肥和农家肥(或商品有机肥)混合施用，施肥方法采用沟施较好(表 5-3 和表 5-4)。

表 5-3　苹果推荐施肥量　kg/亩

肥力等级	目标产量	推荐施肥量		
		纯氮	五氧化二磷	氧化钾
低肥力	3 000～3 500	18～19	8～9	9～11
中肥力	3 500～4 000	17～18	7～8	8～10
高肥力	4 000～4 500	16～17	6～7	7～9

表 5-4　苹果测土配方施肥推荐卡　kg/亩

<table>
<tr><td colspan="8">基肥推荐方案</td></tr>
<tr><td colspan="2">肥力水平</td><td colspan="2">低肥力</td><td colspan="2">中肥力</td><td colspan="2">高肥力</td></tr>
<tr><td colspan="2">产量水平</td><td colspan="2">3 000～3 500</td><td colspan="2">3 500～4 000</td><td colspan="2">4 000～4 500</td></tr>
<tr><td rowspan="2">有机肥</td><td>农家肥</td><td colspan="2">3 500～4 000</td><td colspan="2">3 000～3 500</td><td colspan="2">2 500～3 000</td></tr>
<tr><td>或商品有机肥</td><td colspan="2">450～500</td><td colspan="2">400～450</td><td colspan="2">350～400</td></tr>
<tr><td rowspan="3">氮肥</td><td>尿素</td><td colspan="2">6～7</td><td colspan="2">6</td><td colspan="2">6</td></tr>
<tr><td>或硫铵</td><td colspan="2">14～16</td><td colspan="2">14</td><td colspan="2">14</td></tr>
<tr><td>或碳铵</td><td colspan="2">16～19</td><td colspan="2">16</td><td colspan="2">16</td></tr>
<tr><td>磷肥</td><td>磷酸二铵</td><td colspan="2">15～20</td><td colspan="2">13～17</td><td colspan="2">13～15</td></tr>
<tr><td rowspan="2">钾肥</td><td>硫酸钾</td><td colspan="2">5～7</td><td colspan="2">5～6</td><td colspan="2">4～5</td></tr>
<tr><td>或氯化钾</td><td colspan="2">4～6</td><td colspan="2">4～5</td><td colspan="2">3～4</td></tr>
<tr><td colspan="8">追肥推荐方案</td></tr>
<tr><td colspan="2" rowspan="2">施肥时期</td><td colspan="2">低肥力</td><td colspan="2">中肥力</td><td colspan="2">高肥力</td></tr>
<tr><td>尿素</td><td>硫酸钾</td><td>尿素</td><td>硫酸钾</td><td>尿素</td><td>硫酸钾</td></tr>
<tr><td colspan="2">萌芽期</td><td>14～15</td><td>8～9</td><td>14</td><td>7～8</td><td>13～14</td><td>6～8</td></tr>
<tr><td colspan="2">幼果膨大期</td><td>11～12</td><td>5～6</td><td>11</td><td>4～6</td><td>10～11</td><td>4～5</td></tr>
</table>

1. 基肥

基肥以有机肥为主，配合适量化肥。亩施农家肥 3 000～

3 500 kg 或商品有机肥 400～450 kg，尿素 6 kg，磷酸二铵13～17 kg，硫酸钾 5～6 kg。基肥宜在秋季采取环状沟或放射沟施入。

2. 追肥

萌芽期追肥促进萌芽、开花，提高坐果率，促进新枝生长，一般亩施尿素 14 kg，硫酸钾 7～8 kg。果实膨大期追肥对促进果实的快速生长，增加含糖量，提高产量和品质，具有重要作用，一般亩施尿素 11 kg，硫酸钾 4～6 kg。

3. 根外追肥

缺硼可于盛花期喷施浓度为 0.3%～0.4%硼砂水溶液。缺钙可在盛花后喷施 0.3%～0.5%钙元素型含氨基酸水溶肥料。施用锌肥对矫治苹果树的小叶病效果较为显著，可用 0.2%硫酸锌与 0.3%～0.5%尿素混合液于发病后及时喷施，也可在发芽前用 6%～8%硫酸锌水溶液喷施能起到一定预防作用。缺铁可用 0.3%硫酸亚铁与 0.5%尿素的混合液喷施在果树生长旺季每周喷施一次。

第三节 桃树需肥特点与施肥技术

一、需肥特点

桃树是蔷薇科落叶小乔木。桃树对土壤的适应能力很强，一般土壤都能栽种，桃树的根系较浅，要求土壤应有较好的通透性，因此施肥与改土相结合对桃树优质高产非常重要。

桃树果实肥大，枝叶繁茂，生长迅速，对营养需求量高。一般认为每 1 000 kg 果实需要氮(N)5.1 kg，磷(P_2O_5)2.0 kg，钾(K_2O)6.6 kg。在桃树的生长周期中，对氮、磷、钾的吸收动态，一般是从 6 月上旬开始增强，随着果实的生长，养分吸收量不断增加，到 7 月上旬果实膨大期养分吸收量急剧上升，尤其是钾的吸收量增加更为明显，到7月中旬三元素的吸收量达到高峰，到采收前稍有下降。桃树需钾较多，尤其是果实的吸收量最大，其次是叶片，因而满足钾素的需求，是桃树优质丰产的关键。桃树需氮量较高，并反应敏感，以叶片吸收量最大，占接近总量的一半，供应充足的氮素是保证丰产的基础。磷的吸收量也较高，与氮吸收量之比为5∶2，叶片与果实吸收磷素较多。桃树是对中、微量元素比较敏感的树种。桃树对缺钙很敏感，桃树吸收最多的元素是钙，其中叶片需求量最多，其次是新梢和树干，再次为果实，因此要注意钙的供应。桃树对铁敏感，桃树缺铁症又称黄叶病、白叶病、褪绿病等。缺铁症状多从新梢顶端的幼嫩叶开始表现，开始叶肉先变黄，而叶脉两侧仍保持绿色，致使叶面呈绿色网纹状失绿。随病势发展，叶片失绿程度加重，出现整叶变为白色，叶缘枯焦，引起落叶，严重缺铁时，新梢顶端枯死。桃树对其他中、微量元素都比较敏感，供应不足时会出现缺素症。

二、施肥技术

桃树年生育周期亩施肥量为有机肥3 000～3 500 kg（或商品有机肥400～450 kg），氮肥（N）15～17 kg，磷肥（P_2O_5）6～8 kg，钾肥（K_2O）8～9 kg。有机肥作基肥，氮、钾分基肥和追施，施肥比例为3∶4∶3，磷肥全部基施，化肥和农家肥（或商品有机肥）混合施用，采用沟施效果较好（表5-5和表5-6）。

表5-5　桃推荐施肥量　kg/亩

肥力等级	目标产量	推荐施肥量		
		纯氮	五氧化二磷	氧化钾
低肥力	2 500～3 000	16～18	7～9	9～10
中肥力	3 000～3 500	15～17	6～8	8～9
高肥力	3 500～4 000	14～16	6～7	7～8

表 5-6 桃测土配方施肥推荐卡 kg/亩

基肥推荐方案				
肥力水平		低肥力	中肥力	高肥力
产量水平		2 500～3 000	3 000～3 500	3 500～4 000
有机肥	农家肥	3 500～4 000	3 000～3 500	2 500～3 000
	或商品有机肥	450～500	400～450	350～400
氮肥	尿素	6	6	5～6
	或硫铵	14	14	12～14
	或碳铵	16	16	14～16
磷肥	磷酸二铵	15～20	13～17	13～15
钾肥	硫酸钾	5～6	5	4～5
	或氯化钾	4～5	4	3～4

追肥推荐方案

施肥时期	低肥力		中肥力		高肥力	
	尿素	硫酸钾	尿素	硫酸钾	尿素	硫酸钾
萌芽期	13～14	8	13～14	7～8	11～13	6～7
硬核期	10～11	5～6	10～11	4～5	9～10	4～4

1. 基肥

基肥以有机肥为主，配合适量的化肥。一般亩施农家肥 3 000～3 500 kg 或商品有机肥 400～450 kg，磷酸二铵 13～17 kg，尿素 6 kg，硫酸钾 5 kg。基肥宜在秋季采取环状沟或放射沟施入。

2. 追肥

萌芽期追肥补充树体贮藏养分的不足，为萌芽做好准备，促进开花整齐一致，提高坐果率和新梢前期生长量，以氮钾肥为主，一般亩施尿素 13～14 kg，硫酸钾 7～8 kg。硬核期追肥，此期果实对营养元素的吸收开始逐渐增加，新梢旺盛生长，追肥有利于果实增大、新梢生长和花芽分化，以氮钾为主，一般亩施尿素 10～11 kg，硫酸钾 4～5 kg。

3.根外追肥

初花期喷施0.2%～0.3%硼砂可提高坐果率,果实膨大期喷施0.2%～0.3%硝酸钙可以提高果实的硬度,缺铁可用0.3%硫酸亚铁与0.5%尿素混合液喷施,缺锌可叶面喷施0.1%～0.2%硫酸锌,果实膨大期可喷施0.2%～0.3%磷酸二氢钾2～3次。

第四节　梨树需肥特点与施肥技术

一、需肥特点

梨树是多年生木本果树。梨树对土壤要求不太严格,无论是壤土、黏土、沙土或是一定程度的盐碱、沙性土壤,都有较强的耐适力,但仍以土壤疏松、土层深厚、地下水位较低、排水良好的沙质壤土结果质量最好。

梨树需肥量大,一般认为,每生产1 000 kg果实需要氮(N)4.0 kg,磷(P_2O_5)2.0 kg,钾(K_2O)4.0 kg,对氮、磷、钾的吸收比例为2∶1∶2。不同树龄的梨树需肥规律不同,梨树幼树需要的主要养分是氮和磷,特别是磷素,其对植物根系的生长发育具有良好的作用。成年果树对营养的需求主要是氮和钾,特别是由于果实的采收带走了大量的氮、钾和磷等许多营养元素,若不能及时补充则将严重影响梨树来年的生长及产量。梨树对各种元素的需要量依据各个生长发育阶段的不同而不同。在一年中需氮有两个高峰期,第1次大高峰期在5月份,吸收量可达80%,由于此期是枝、叶、根生长的旺盛期,需要的营养多,第2次小高峰在7月份,比第1次吸收的量小,此期是果实的迅速膨大期和花芽分化期,需养分亦多。磷在全年只在5月份有个小高峰,由于此期是种子发育和枝条木质化阶段,需磷素较多。需钾也有两个高峰期,时期与氮相同,由于第2次高峰期正值果实迅速膨大和糖分转化,需钾量较多,所以差幅没有氮大,只比第1次略小。而且梨树需钾量大,梨树对钾的需要量与氮相等,钾不足,酶的活性减弱,老叶叶缘及叶尖变黑而枯焦,降低光合能力,影响果实品质。梨树对钙、镁需要量也大。对钙的需要量接近氮,钙不足,影响氮的新陈代谢和营养物质的运输,使根系生长不良,新梢嫩叶上形成褪绿斑,叶尖和叶缘向下卷曲,果实顶端黑腐。缺镁,老叶叶缘及叶脉间部分黄化,与叶脉周围的绿色成鲜明对比。因此施肥时要注意增施钾肥和钙肥及镁肥。

二、施肥技术

梨树年生育周期亩施肥量为有机肥3 000~3 500 kg(或商品有机肥400~450 kg),氮肥(N)16~17 kg,磷肥(P_2O_5)6~8 kg,钾肥(K_2O)8~10 kg。有机肥作基肥,氮、钾肥分基肥和追施,磷肥全部基施,化肥和农家肥(或商品有机肥)混合施用(表5-7和表5-8)。

1. 基肥

基肥以有机肥为主,配合适量化肥。一般亩施农家肥3 000~3 500 kg或商品有机肥400~450 kg,尿素5 kg,磷酸二铵13~17 kg,硫酸钾5~6 kg。基肥宜在秋季采取环状沟或放射沟施入。

2. 追肥

萌芽期亩施尿素13~14 kg,硫酸钾7~8 kg。果实膨大期亩施尿素10~11 kg,硫酸钾4~6 kg。

3. 根外追肥

开花前可叶面喷施0.3%~0.5%硼砂水溶液,盛花后可喷施0.3%~0.5%钙元素型含氨基酸水溶肥料,果实膨大期可喷施0.3%~0.5%磷酸二氢钾和尿素,以提高产量及品质。缺铁可喷施0.3%~0.5%黄腐酸铁,缺锌可喷施0.3%~0.5%硫酸锌,可矫正缺素症。

表 5-7 梨推荐施肥量 kg/亩

肥力等级	目标产量	推荐施肥量		
		纯氮	五氧化二磷	氧化钾
低肥力	2 000～2 500	17～18	7～9	9～11
中肥力	2 500～3 000	16～17	6～8	8～10
高肥力	3 000～3 500	15～16	6～7	7～9

表 5-8 梨树测土配方施肥推荐卡 kg/亩

基肥推荐方案				
肥力水平		低肥力	中肥力	高肥力
产量水平		2 000～2 500	2 500～3 000	3 000～3 500
有机肥	农家肥	3 500～4 000	3 000～3 500	2 500～3 000
	或商品有机肥	450～500	400～450	350～400
氮肥	尿素	5～6	5	5
	或硫铵	14～16	14	14
	或碳铵	16～19	16	16
磷肥	磷酸二铵	15～20	13～17	13～15
钾肥	硫酸钾	5～7	5～6	4～5
	或氯化钾	4～6	4～5	3～4

追肥推荐方案						
施肥时期	低肥力		中肥力		高肥力	
	尿素	硫酸钾	尿素	硫酸钾	尿素	硫酸钾
萌芽期	14	8～9	13～14	7～8	13～14	6～8
果实膨大期	11	5～6	10～11	4～6	10～11	4～5

第五节 樱桃树需肥特点与施肥技术

一、需肥特点

樱桃树属蔷薇科樱桃属果树。樱桃树大部分根系分布在土壤表层，土壤质地和肥力状况直接影响到樱桃的产量和品质，樱桃树适宜在土层深厚、土层疏松、通气良好的沙壤土或壤土上栽培，在黏土和排水不良的土壤上栽培树体长势弱。樱桃树对盐碱土壤敏感，土壤含盐量高樱桃生长不良。

樱桃树每年在生长、结果等各个生育时期都要从土壤中吸收大量的营养物质。为了满足每个发育时期对各种营养的需要，就要根据各时期对营养的需求规律进行施肥。不同树龄和不同时期对肥料的要求不同，3 年生以下的幼树，树体处于扩冠期，营养生长旺盛，这个时期对氮需要量多，应以氮肥为主，辅助适量的磷肥，促进树冠的形成。3～6 年生和初果期幼树，要使树体由营养生长转入生殖生长，促进花芽分化，因此，在施肥上要注意控氮、增磷、补钾。7 年生以上树进入盛果期，树体消耗营养较多，要满足植株对氮、磷、钾的需要，为果实生长提供充足营养，樱桃果实生长对钾的需要量较多，增施钾肥，可提高果实的产量与品质。在年生育周期的生长发育过程中，由于樱桃树果实生长期短，具有需肥迅速和集中的特点。从展叶、开花、果实发育到成熟，都集中在生长季节的前半期，同时花芽分化集中在采收后较短的时期内。这一方面要求春季要加强肥水管理，另一方面要求树体在前一年能积累很多营养，满足早春生长开花的需要。因此，要根据樱桃的特性合理施肥，在施肥上应重视秋季施肥及春季追肥两个关键时期。

二、施肥技术

樱桃树年生育周期亩施肥量为有机肥 2 500～3 000 kg(或商品有机肥 350～400 kg)，氮肥(N)13～15 kg，磷肥(P_2O_5)5～7 kg，钾肥(K_2O)7～9 kg。有机肥作基肥，氮、钾分基肥和追施，磷肥全部基施，化肥和农家肥(或商品有机肥)混合施用(表 5-9 和表 5-10)。

1. 基肥

基肥以有机肥为主，配合适量化肥。一般亩施农家肥 2 500～3 000 kg 或商品有机肥 350～400 kg，尿素 5 kg，磷酸二铵 11～15 kg，硫酸钾 4～5 kg。基肥宜在秋季采取环状沟或放射沟施入。

表 5-9　樱桃推荐施肥量　kg/亩

肥力等级	目标产量	推荐施肥量		
		纯氮	五氧化二磷	氧化钾
低肥力	500～1 000	14～16	6～8	8～10
中肥力	1 000～1 500	13～15	5～7	7～9
高肥力	1 500～2 000	12～14	5～7	6～7

表 5-10　樱桃测土配方施肥推荐卡　kg/亩

基肥推荐方案				
肥力水平		低肥力	中肥力	高肥力
产量水平		500～1 000	1 000～1 500	1 500～2 000
有机肥	农家肥	3 000～3 500	2 500～3 000	2 000～2 500
	或商品有机肥	400～450	350～400	300～350
氮肥	尿素	5～6	5	4～5
	或硫铵	12～14	12	9～12
	或碳铵	14～16	14	11～14
磷肥	磷酸二铵	13～17	11～15	11～15
钾肥	硫酸钾	5～6	4～5	4～5
	或氯化钾	4～5	3～4	3～4

追肥推荐方案						
施肥时期	低肥力		中肥力		高肥力	
	尿素	硫酸钾	尿素	硫酸钾	尿素	硫酸钾
开花期	11～13	7～8	11～12	6～8	10～11	5～7
浆果膨大期	9～10	4～6	8～9	4～5	8～9	4～5

2. 追肥

开花期追肥：一般亩施尿素 11～12 kg，硫酸钾 6～8 kg。浆果膨大期追肥：一般亩施尿素 8～9 kg，硫酸钾 4～5 kg。

3. 根外追肥

根外追肥可以全年 4～5 次，一般生长前期 2 次，以氮肥为主，后期 2～3 次，以磷、钾肥为主，在盛花期可叶面喷施 0.3%～0.5%尿素+0.2%～0.3%磷酸二氢钾+0.1%～0.3%硼砂，可有效提高坐果率，增加产量。最后一次叶面喷肥在距果实采收期 20 d 以前进行。

第六节 板栗树需肥特点与施肥技术

一、需肥特点

板栗树是木本果树之一。板栗树对土壤的要求不严，沙质、砾质、黏质壤土均可种植，而以花岗岩、纯麻岩的砾质土和沙壤土为宜。

板栗树生长发育中，对氮磷钾的需要量大，一般认为每 100 kg 板栗发育成熟需消耗纯氮(N)、钾(K_2O)各 4.5～5.0 kg，磷(P_2O_5)1.5～2.0 kg。氮素是板栗树生长和结果的最重要营养成分。氮素的吸收从早春根系活动开始，随着发芽、展叶、开花、新梢生长、果实膨大，吸收量逐渐增加，直到采收前还在上升，采收后开始下降，到休眠期停止吸收。充足的氮肥供应，能促进新梢生长，增加其叶面积，提高光合性能，有利于营养物质的积累，加速板栗树生长发育，对幼树提早成形有重要作用，还能促进结果期花芽分化、开花结实及果实膨大，提高坐果率和延长经济寿命。磷素在开花前吸收很少，从开花到采收期，吸收磷比较多而稳定，采收后吸收量很少，落叶前停止吸收。增施磷肥可促进新根的发生和生长，促进花芽分化和果实发育，提高产量和品质，增强抗逆能力。钾素能促进栗实成熟，提高坚果的品质和耐藏性，并促进枝条的加粗生长和机械组织的形成，同时提高栗树抗旱、抗寒以及抗高温和抗病虫害能力。板栗树在开花前吸收钾很少，开花后迅速增加，从果实膨大期到采收期吸收最多。因此，钾肥施用的重要时期是果实膨大期。进入盛果期后，栗树对氮、磷、钾需要量增大，它们即成为影响产量的直接因子。除需氮、磷、钾三大元素外，板栗树还需配合适量的钙、镁及锰、锌、硼等中、微量元素，供给不足，就会发生严重的生理障碍而影响生长发育，如叶片生长不良、空苞率高等。钙是板栗需要量较大的元素之一。板栗为高锰植物，需锰量比其他果树大而且重要。硼对授粉受精具有重要的作用，适量施硼，可防止花而不实，是降低板栗空苞率的有效措施。

二、施肥技术

板栗树年生育周期亩施肥量为有机肥 3 000～3 500 kg 或商品有机肥 400～450 kg，氮肥(N)14～16 kg，磷肥(P_2O_5)6～7 kg，钾肥(K_2O)7～9 kg。有机肥作基肥，氮、钾分基肥和追施，磷肥全部基施，化肥和农家肥(或商品有机肥)混合施用(表 5-11 和表 5-12)。

1. 基肥

基肥以有机肥为主，配合适量化肥。一般亩施农家肥 3 000～3 500 kg 或商品有机肥 400～450 kg，尿素 5～6 kg，磷酸二铵 13～15 kg，硫酸钾 4～5 kg。基肥在秋季采取环状沟或放射沟施入。

2. 追肥

发芽期亩施尿素 11～13 kg，硫酸钾 6～8 kg。果实膨大期亩施尿素 9～10 kg，硫酸钾 4～5 kg。

3. 根外追肥

基部叶片转绿期，叶面喷施 0.1%磷酸二氢钾＋0.2%尿素，使叶片肥厚，浓绿。果实膨大期喷施0.2%磷酸二氢钾，可促进果实生长。采前1个月喷2次0.1%磷酸二氢钾，可增大单粒重。在生长期的5～7月份，可用0.05%硫酸锰和0.05%硫酸镁混喷以补充微量元素。在盛花期喷施0.1%～0.2%硼砂溶液对解决板栗空苞具有一定的作用，一年内只需根施或喷施一次，干旱年份慎用硼肥。

表5-11 板栗推荐施肥量 kg/亩

肥力等级	目标产量	推荐施肥量		
		纯氮	五氧化二磷	氧化钾
低肥力	100～150	15～17	7～8	8～10
中肥力	150～200	14～16	6～7	7～9
高肥力	200～250	13～15	5～6	6～8

表5-12 板栗测土配方施肥推荐卡 kg/亩

基肥推荐方案				
肥力水平		低肥力	中肥力	高肥力
产量水平		100～150	150～200	200～250
有机肥	农家肥	3 500～4 000	3 000～3 500	2 500～3 000
	或商品有机肥	450～500	400～450	350～400
氮肥	尿素	5～6	5～6	5～6
	或硫铵	12～14	12～14	12～14
	或碳铵	14～16	14～16	14～16
磷肥	磷酸二铵	15～17	13～15	11～13
钾肥	硫酸钾	5～6	4～5	4～5
	或氯化钾	4～5	3～4	3～4

追肥推荐方案						
施肥时期	低肥力		中肥力		高肥力	
	尿素	硫酸钾	尿素	硫酸钾	尿素	硫酸钾
萌芽期	12～14	7～8	11～13	6～8	11～13	5～7
果实膨大期	9～10	4～6	9～10	4～5	8～10	3～4

附　录

附录1　肥料登记管理办法

(2000年6月12日经农业部常务会议通过,2000年6月23日中华人民共和国农业部令第32号发布施行,2004年7月1日农业部令38号修订)

第一章　总　则

第一条　为了加强肥料管理,保护生态环境,保障人畜安全,促进农业生产,根据《中华人民共和国农业法》等法律法规,制定本办法。

第二条　在中华人民共和国境内生产、经营、使用和宣传肥料产品,应当遵守本办法。

第三条　本办法所称肥料,是指用于提供、保持或改善植物营养和土壤物理、化学性能以及生物活性,能提高农产品产量,或改善农产品品质,或增强植物抗逆性的有机、无机、微生物及其混合物料。

第四条　国家鼓励研制、生产和使用安全、高效、经济的肥料产品。

第五条　实行肥料产品登记管理制度,未经登记的肥料产品不得进口、生产、销售和使用,不得进行广告宣传。

第六条　肥料登记分为临时登记和正式登记两个阶段。

(一)临时登记:经田间试验后,需要进行田间示范试验、试销的肥料产品,生产者应当申请临时登记。

(二)正式登记:经田间示范试验、试销可以作为正式商品流通的肥料产品，生产者应当申请正式登记。

第七条 农业部负责全国肥料登记和监督管理工作。

省、自治区、直辖市人民政府农业行政主管部门协助农业部做好本行政区域内的肥料登记工作。

县级以上地方人民政府农业行政主管部门负责本行政区域内的肥料监督管理工作。

第二章 登记申请

第八条 凡经工商注册，具有独立法人资格的肥料生产者均可提出肥料登记申请。

第九条 农业部制定并发布《肥料登记资料要求》。

肥料生产者申请肥料登记，应按照《肥料登记资料要求》提供产品化学、肥效、安全性、标签等方面资料和有代表性的肥料样品。

第十条 农业部负责办理肥料登记受理手续，并审查登记申请资料是否齐全。

境内生产者申请肥料临时登记，其申请登记资料应经其所在地省级农业行政主管部门初审后，向农业部提出申请。

第十一条 生产者申请肥料临时登记前，须在中国境内进行规范的田间试验。

生产者申请肥料正式登记前，须在中国境内进行规范的田间示范试验。

对有国家标准或行业标准，或肥料登记评审委员会建议经农业部认定的产品类型，可相应减免田间试验和/或田间示范试验。

第十二条 境内生产者生产的除微生物肥料以外的肥料产品田间试验，由省级以上农业行政主管部门认定的试验单位承担，并出具试验报告；微生物肥料、国外以及中国港、澳、台地区生产者生产的肥料产品田间试验，由农业部认定的试验单位承担，并出具试验报告。

肥料产品田间示范试验，由农业部认定的试验单位承担，并出具试验报告。

省级以上农业行政主管部门在认定试验单位时,应坚持公正的原则,综合考虑农业技术推广、科研、教学试验单位。

经认定的试验单位应接受省级以上农业行政主管部门的监督管理。试验单位对所出具的试验报告的真实性承担法律责任。

第十三条　有下列情形的肥料产品,登记申请不予受理:

(一)没有生产国使用证明(登记注册)的国外产品;

(二)不符合国家产业政策的产品;

(三)知识产权有争议的产品;

(四)不符合国家有关安全、卫生、环保等国家或行业标准要求的产品。

第十四条　对经农田长期使用,有国家或行业标准的下列产品免予登记:

硫酸铵,尿素,硝酸铵,氰氨化钙,磷酸铵(磷酸一铵、二铵),硝酸磷肥,过磷酸钙,氯化钾,硫酸钾,硝酸钾,氯化铵,碳酸氢铵,钙镁磷肥,磷酸二氢钾,单一微量元素肥,高浓度复合肥。

第三章　登记审批

第十五条　农业部负责全国肥料的登记审批、登记证发放和公告工作。

第十六条　农业部聘请技术专家和管理专家组织成立肥料登记评审委员会,负责对申请登记肥料产品的产品化学、肥效和安全性等资料进行综合评审。

第十七条　农业部根据肥料登记评审委员会的综合评审意见,在评审结束后20日内作出是否颁发肥料临时登记证或正式登记证的决定。

肥料登记证使用“中华人民共和国农业部肥料审批专用章”。

第十八条　农业部对符合下列条件的产品直接审批、发放肥料临时登记证:

（一）有国家或行业标准，经检验质量合格的产品。

（二）经肥料登记评审委员会建议并由农业部认定的产品类型，申请登记资料齐全，经检验质量合格的产品。

第十九条　农业部根据具体情况决定召开肥料登记评审委员会全体会议。

第二十条　肥料商品名称的命名应规范，不得有误导作用。

第二十一条　肥料临时登记证有效期为一年。肥料临时登记证有效期满，需要继续生产、销售该产品的，应当在有效期满两个月前提出续展登记申请，符合条件的经农业部批准续展登记。续展有效期为一年。续展临时登记最多不能超过两次。

肥料正式登记证有效期为五年。肥料正式登记证有效期满，需要继续生产、销售该产品的，应当在有效期满六个月前提出续展登记申请，符合条件的经农业部批准续展登记。续展有效期为五年。

登记证有效期满没有提出续展登记申请的，视为自动撤销登记。登记证有效期满后提出续展登记申请的，应重新办理登记。

第二十二条　经登记的肥料产品，在登记有效期内改变使用范围、商品名称、企业名称的，应申请变更登记；改变成分、剂型的，应重新申请登记。

第四章　登记管理

第二十三条　肥料产品包装应有标签、说明书和产品质量检验合格证。标签和使用说明书应当使用中文，并符合下列要求：

（一）标明产品名称、生产企业名称和地址；

（二）标明肥料登记证号、产品标准号、有效成分名称和含量、净重、生产日期及质量保证期；

（三）标明产品适用作物、适用区域、使用方法和注意事项。

（四）产品名称和推荐适用作物、区域应与登记批准的一致；

禁止擅自修改经过登记批准的标签内容。

第二十四条　取得登记证的肥料产品，在登记有效期内证实对人、畜、作物有害，经肥料登记评审委员会审议，由农业部宣布限制使用或禁止使用。

第二十五条　农业行政主管部门应当按照规定对辖区内的肥料生产、经营和使用单位的肥料进行定期或不定期监督、检查，必要时按照规定抽取样品和索取有关资料，有关单位不得拒绝和隐瞒。对质量不合格的产品，要限期改进。对质量连续不合格的产品，肥料登记证有效期满后不予续展。

第二十六条　肥料登记受理和审批单位及有关人员应为生产者提供的资料和样品保守技术秘密。

第五章　罚　则

第二十七条　有下列情形之一的，由县级以上农业行政主管部门给予警告，并处违法所得3倍以下罚款，但最高不得超过30 000元；没有违法所得的，处10 000元以下罚款：

（一）生产、销售未取得登记证的肥料产品；

（二）假冒、伪造肥料登记证、登记证号的；

（三）生产、销售的肥料产品有效成分或含量与登记批准的内容不符的。

第二十八条　有下列情形之一的，由县级以上农业行政主管部门给予警告，并处违法所得3倍以下罚款，但最高不得超过20 000元；没有违法所得的，处10 000元以下罚款：

（一）转让肥料登记证或登记证号的；

（二）登记证有效期满未经批准续展登记而继续生产该肥料产品的；

（三）生产、销售包装上未附标签、标签残缺不清或者擅自修改标签内容的。

第二十九条　肥料登记管理工作人员滥用职权、玩忽职守、徇私舞弊、索贿受贿，构成犯罪的，依法追究刑事责任；尚不构成犯罪的，依法给予行政处分。

第六章 附 则

第三十条 生产者办理肥料登记，应按规定交纳登记费。

生产者进行田间试验和田间示范试验，应按规定提供有代表性的试验样品并支付试验费。试验样品须经法定质量检测机构检测确认样品有效成分及其含量与标明值相符，方可进行试验。

第三十一条 省、自治区、直辖市人民政府农业行政主管部门负责本行政区域内的复混肥、配方肥（不含叶面肥）、精制有机肥、床土调酸剂的登记审批、登记证发放和公告工作。省、自治区、直辖市人民政府农业行政主管部门不得越权审批登记。

省、自治区、直辖市人民政府农业行政主管部门参照本办法制定有关复混肥、配方肥（不含叶面肥）、精制有机肥、床土调酸剂的具体登记管理办法，并报农业部备案。

省、自治区、直辖市人民政府农业行政主管部门可委托所属的土肥机构承担本行政区域内的具体肥料登记工作。

第三十二条 省、自治区、直辖市人民政府农业行政主管部门批准登记的复混肥、配方肥（不含叶面肥）、精制有机肥、床土调酸剂，只能在本省销售使用。如要在其他省区销售使用的，须由生产者、销售者向销售使用地省级农业行政主管部门备案。

第三十三条 下列产品适用本办法：

（一）在生产、积造有机肥料过程中，添加的用于分解、熟化有机物的生物和化学制剂；

（二）来源于天然物质，经物理或生物发酵过程加工提炼的，具有特定效应的有机或有机无机混合制品，这种效应不仅包括土壤、环境及植物营养元素的供应，还包括对植物生长的促进使用。

第三十四条 下列产品不适用本办法：

(一)肥料和农药的混合物；

(二)农民自制自用的有机肥料。

第三十五条 本办法下列用语定义为：

(一)配方肥是指利用测土配方技术，根据不同作物的营养需要、土壤养分含量及供肥特点，以各种单质化肥为原料，有针对性地添加适量中、微量元素或特定有机肥料，采用掺混或造粒工艺加工而成的，具有很强的针对性和地域性的专用肥料。

(二)叶面肥是指施与植物叶片并能被其吸收利用的肥料。

(三)床土调酸剂是指在农作物育苗期，用于调节育苗床土酸度(或 pH 值)的制剂。

(四)微生物肥料是指应用于农业生产中，能够获得特定肥料效应的含有特定微生物活体的制品，这种效应不仅包括了土壤、环境及植物营养元素的供应，还包括了其所产生的代谢产物对植物的有益作用。

(五)有机肥料是指来源于植物和/或动物，经发酵、腐熟后，施与土壤以提供植物养分为其主要功效的含碳物料。

(六)精制有机肥是指经工厂化生产的，不含特定肥料效应微生物的商品化的有机肥料。

(七)复混肥是指氮、磷、钾三种养分中，至少有两种养分标明量的肥料，由化学方法和/或物理加工制成。

(八)复合肥是指仅由化学方法制成的复混肥。

第三十六条 本办法所称"违法所得"是指违法生产、经营肥料的销售收入。

第三十七条 本办法由农业部负责解释。

第三十八条 本办法自发布之日起施行。农业部 1989 年发布、1997 年修订的《中华人民共和国农业部关于肥料、土壤调理剂及植物生长调节剂检验登记的暂行规定》同时废止。

附录 2 肥料标识 内容和要求(GB 18382—2001)

为了规范肥料标识,国家质量监督检验检疫局于 2001 年 7 月 26 日发布了《肥料标识 内容和要求》(Fertilizer marking-presentation and declaration)国家标准(GB 18382－2001)。自 2002 年 1 月 1 日起,肥料生产企业生产的肥料销售包装上的肥料标识应符合该标准;自 2002 年 7 月 1 日起,市场上停止销售肥料标识不符合该标准的肥料。该标准为强制执行性标准,由全国肥料和土壤调理剂标准化技术委员会归口并负责解释。

1 范围

本标准规定了肥料标识的基本原则、一般要求及标识内容等。

本标准适用于中华人民共和国境内生产、销售的肥料。

2 引用标准

下列标准所包含的条文,通过在本标准中引用而构成为本标准的条文。本标准出版时,所示版本均为有效。所有标准都会被修订,使用本标准的各方应探讨使用下列标准最新版本的可能性。

GB 190－1990 危险货物包装标志

GB 191－2000 包装贮运图示标志

GB/T 14436－1993 工业产品保证文件 总则

3 定义

本标准采用下列定义:

3.1 标识 marking

用于识别肥料产品及其质量、数量、特征和使用方法所做的各种表示的统称。标识可以用文字、符号、图案以及其他说明物等表示。

3.2 标签 label

供识别肥料和了解其主要性能而附以必要资料的纸片、塑料片或者包装袋等容器的印刷部分。

3.3　包装肥料 packed fertilizer

预先包装于容器中,以备交付给客户的肥料。

3.4　容器 container

直接与肥料相接触并可按其单位量运输或贮存的密闭贮器(例如袋、瓶、槽、桶)。

注:个别国家肥料超大尺寸包装的产品称为散装。

3.5　肥料 fertilizer

以提供植物养分为其主要功效的物料。

3.6　缓效肥料 slow-release fertilizer

养分所呈的化合物或物理状态,能在一段时间内缓慢释放供植物持续吸收利用的肥料。

3.7　包膜肥料 coated fertilizer

为改善肥料功效和(或)性能,在其颗粒表面涂以其他物质薄层制成的肥料。

3.8　复混肥料 compound fertilizer

氮、磷、钾三种养分中,至少有两种养分标明量的,由化学方法和(或)掺混方法制成的肥料。

3.9　复合肥料 complex fertilizer

氮、磷、钾三种养分,至少有两种养分标明量的,仅由化学方法制成的肥料,是复混肥料的一种。

3.10　有机-无机复混肥料 organic-inorganic compound fer-tilizer

含有一定量有机质的复混肥料。

3.11　单一肥料 straight fertilizer

氮、磷、钾三种养分中,仅具有一种养分标明量的氮肥、磷肥或钾肥的通称。

3.12　大量元素(主要养分) primary nutrient; macronutrient

对元素氮、磷、钾的通称。

3.13 中量元素(次要养分) secondary element;nutrient

对元素钙、镁、硫等的通称。

3.14 微量元素(微量养分) trace element;micronutrient

植物生长所必需的,但相对来说是少量的元素,例如硼、锰、铁、锌、铜、钼或钴等。

3.15 肥料品位 fertilizer grade

以百分数表示的肥料养分含量。

3.16 配合式 formula

按 $N-P_2O_5-K_2O$(总氮-有效五氧化二磷-氧化钾)顺序,用阿拉伯数字分别表示其在复混肥料中所占百分比含量的一种方式。

注:"0"表示肥料中不含该元素。

3.17 标明量 declarable content

在肥料或土壤调理剂标签或质量证明书上标明的元素(或氧化物)含量。

3.18 总养分 total primary nutrient

总氮、有效五氧化二磷和氧化钾含量之和,以质量分数计。

4 原理

规定标识的主要内容及定出肥料包装容器上的标识尺寸、位置、文字、图形等大小,以使用户鉴别肥料并确定其特性。这些规定因所用的容器不同而异:①装大于 25 kg(或 25 L)肥料的;②装 5~25 kg(或 5~25 L)肥料的;③装小于 5 kg(或 5 L)肥料的。

5 基本原则

5.1 标识所标注的所有内容,必须符合国家法律和法规的规定,并符合相应产品标准的规定。

5.2 标识所标注的所有内容,必须准确、科学、通俗易懂。

5.3 标识所标注的所有内容,不得以错误的、引起误解的欺骗性的方式描述或介绍肥料。

5.4 标识所标注的所有内容,不得以直接或间接暗示性的语言、图形、符号导致用户将肥料或肥料的某一性质与另一肥料产品混淆。

6　一般要求

标识所标注的所有内容，应清楚并持久地印刷在统一的并形成反差的基底上。

6.1　文字

标识中的文字应使用规范汉字，可以同时使用少数民族文字、汉语拼音及外文（养分名称可以用化学元素符号或分子式表示），汉语拼音和外文字体应小于相应汉字和少数民族文字。

应使用法定计量单位。

6.2　图示

应符合 GB 190 和 GB 191 的规定。

6.3　颜色

使用的颜色应醒目、突出，易使用户特别注意并能迅速识别。

6.4　耐久性和可用性

直接印在包装上，应保证在产品的可预计寿命期内的耐久性，并保持清晰可见。

6.5　标识的形式

分为外包装标识、合格证、质量证明书、说明书及标签等。

7　标识内容

7.1　肥料名称及商标

7.1.1　应标明国家标准、行业标准已经规定的肥料名称。对商品名称或者特殊用途的肥料名称，可在产品名称下以小 1 号字体（见 10.1.3）予以标注。

7.1.2　国家标准、行业标准对产品名称没有规定的，应使用不会引起用户、消费者误解和混淆的常用名称。

7.1.3　产品名称不允许添加带有不实、夸大性质的词语，如“高效×××”、“××肥王”、“全元素××肥料”等。

7.1.4 企业可以标注经注册登记的商标。

7.2 肥料规格、等级和净含量

7.2.1 肥料产品标准中已规定规格、等级、类别的，应标明相应的规格、等级、类别。若仅标明养分含量，则视为产品质量全项技术指标符合养分含量所对应的产品等级要求。

7.2.2 肥料产品单件包装上应标明净含量。净含量标注应符合《定量包装商品计量监督规定》的要求。

7.3 养分含量

应以单一数值标明养分的含量。

7.3.1 单一肥料

7.3.1.1 应标明单一养分的百分含量。

7.3.1.2 若加入中量元素、微量元素，可标明中量元素、微量元素(以元素单质计，下同)，应按中量元素、微量元素两种类型分别标明各单养分含量及各自相应的总含量，不得将中量元素、微量元素含量与主要养分相加。微量元素含量低于0.02%或(和)中量元素含量低于2%的不得标明。

7.3.2 复混肥料(复合肥料)

7.3.2.1 应标明N、P_2O_5、K_2O总养分的百分含量，总养分标明值应不低于配合式中单养分标明值之和，不得将其他元素或化合物计入总养分。

7.3.2.2 应以配合式分别标明总氮、有效五氧化二磷、氧化钾的百分含量，如氮磷钾复混肥料15—15—15。二元肥料应在不含单养分的位置标以“0”，如氮钾复混肥料15—0—10。

7.3.2.3 若加入中量元素、微量元素，不在包装容器和质量证明书上标明(有国家标准或行业标准规定的除外)。

7.3.3 中量元素肥料

7.3.3.1 应分别单独标明各中量元素养分含量及中量元素养分含量之和。含量小于2%的单一中量元素不得标明。

7.3.3.2　若加入微量元素，可标明微量元素，应分别标明各微量元素的含量及总含量，不得将微量元素含量与中量元素相加。其他要求同7.3.1.2。

7.3.4　微量元素肥料

应分别标出各种微量元素的单一含量及微量元素养分含量之和。

7.3.5　其他肥料

参照7.3.1和7.3.2执行。

7.4　其他添加含量

7.4.1　若加入其他添加物，可标明其他添加物，应分别标明各添加物的含量及总含量，不得将添加物含量与主要养分相加。

7.4.2　产品标准中规定需要限制并标明的物质或元素等应单独标明。

7.5　生产许可证编号

对国家实施生产许可证管理的产品，应标明生产许可证的编号。

7.6　生产者或经销者的名称、地址应标明经依法登记注册并能承担产品质量责任的生产者或经销者名称、地址。

7.7　生产日期或批号

应在产品合格证、质量证明书或产品外包装上标明肥料产品的生产日期或批号。

7.8　肥料标准

7.8.1　应标明肥料产品所执行的标准编号。

7.8.2　有国家或行业标准的肥料产品，如标明标准中未有规定的其他元素或添加物，应制定企业标准，该企业标准应包括所添加元素或添加物的分析方法，并应同时标明国家标准（或行业标准）和企业标准。

7.9　警示说明

运输、贮存、使用过程中不当，易造成财产损坏或危害人体健康和安全的，应有警示说明。

7.10 其他

7.10.1 法律、法规和规章另有要求的，应符合其规定。

7.10.2 生产企业认为必要的，符合国家法律、法规要求的其他标识。

8 标签

8.1 粘贴标签及其他相应标签

如果容器的尺寸及形状允许，标签的标识区最小应为 120 mm×70 mm，最小文字高度至少为 3 mm，其余应符合本标准第 10 章的规定。

8.2 系挂标签

系挂标签的标识区最小应为 120 mm×70 mm，最小文字高度至少为 3 mm，其余应符合本标准第 10 章的规定。

9 质量证明书或合格证

应符合 GB/T 14436 的规定。

10 标识印刷

10.1 装大于 25 kg(或 25 L)肥料的容器

10.1.1 标识区位置及区面积

一块矩形区间，其总面积至少为所选用面的 40%，该选用面应为容器的主要面之一，标识内容应打印在该面积内。区间的各边应与容器的各边相平行。

区内所有标识，均应水平方向按汉字顺序印刷，不得垂直或斜向印刷标识内容。

10.1.2 主要项目标识尺寸

根据打印标识区的面积(10.1.1)，应采用三种标识尺寸，以使标识标注内容能清楚地布置排列，这三种尺寸应为 X/Y/Z 比例，它仅能在如表附 2-1 所示范围内变化，最小字体的高度至少应为 10 mm。

表附 2-1　三种标识尺寸比例

最小字体尺寸（mm）	尺寸比例小((X)/中(Y)/大(Z))	
	最小比例	最大比例
≤20	1/2/4	1/3/9
>20	1/1.5/3	1/2.5/7

10.1.3　标识区内主要项目和文字尺寸

标识标注内容应用印刷文字，标识项目的尺寸应符合表附 2-2 要求。

表附 2-2　标识区内主要项目和文字尺寸

序号	标识标注主要内容		文字		
			小(X)	中(Y)	大(Z)
1	肥料名称及商标			·	·
2	规格、等级及类别			·	·
3	组成	作为主要标识内容的养分或总养分		·	·
		配合式(单养分标明值)	·	·	
		产品标准规定应单独标明的项目，如氯含量、枸溶性磷等	·	·	
		作为附加标识的元素、养分或其他添加物	·		
4	产品标准编号		·	·	
5	生产许可证号(适用于实施生产许可证管理的肥料)		·	·	
6	净含量			·	·
7	生产或经销单位名称		·	·	
8	生产或经销单位地址		·	·	
9	其他		·	·	

注：进口肥料可不标注表中第 4、5 项，但应标明原产国或地区（指中国香港、澳门、台湾）。

10.2 装 5～25 kg(或 5～25 L)肥料的容器

最小文字高度至少为 5 mm，其余应符合本标准 10.1 条的规定。

10.3 装 5 kg(或 5 L)以下肥料容器

如容器尺寸及形状允许，标识区最小尺寸应为 12 mm×70 mm，最小文字高度至少为 3 mm，其余应符合本标准 10.1 条的规定。

该标准非等效采用 ISO 7409—1984。与 ISO 7409—1984 相比，本标准增加了相关的术语定义，同时根据国家的有关法律、法规和规章，增加了相应的标识内容和要求。ISO(国际标准化组织)是一个世界性的国家标准团体(ISO 成员团体)的联合机构。国际标准的制定工作通常通过 ISO 各技术委员会进行。每个成员团体均有机会加入，与 ISO 有联系的各政府的或非政府的国际组织也可参加。经技术委员会采纳的国际标准草案，在由 ISO 理事会批准为国际标准之前，要先发给各成员团体通过。ISO 7409 国际标准是由 ISO/TC 134 肥料和土壤调理剂技术委员会制定的，并于 1981 年发给各成员单位。此标准已由下列国家的成员单位通过：奥地利、意大利、罗马尼亚、捷克斯洛伐克、肯尼亚、南非、埃及、朝鲜、斯里兰卡、西德、墨西哥、英国、匈牙利、荷兰、美国、伊拉克、挪威、苏联、以色列、波兰、葡萄牙。

国家标准 GB 18382—2001 将从 2002 年 1 月 1 日起实施。

附录3　测土配方施肥技术规范

二〇〇八年三月

1　范围

本规范规定了全国测土配方施肥工作中肥料效应田间试验、样品采集与制备、田间基本情况调查、土壤与植株测试、肥料配方设计、配方肥料合理使用、效果反馈与评价、数据汇总、报告撰写等内容、方法与操作规程及耕地地力评价方法。

本规范适用于指导全国不同区域、不同土壤和不同作物的测土配方施肥工作。

2　引用标准

本规范引用下列国家或行业标准：

GB/T 6274 肥料和土壤调理剂　术语

NY/T 496 肥料合理使用准则　通则

NY/T 497 肥料效应鉴定田间试验技术规程

NY/T 309—1996 全国耕地类型区、耕地地力等级划分

NY/T 310—1996 全国中低产田类型划分与改良技术规范

NY/T 1119—2006 土壤监测规程

3　术语和定义

下列术语和定义适用于本规范：

3.1　测土配方施肥 soil testing and formulated fertilization

测土配方施肥是以肥料田间试验、土壤测试为基础，根据作物需肥规律、土壤供肥性能和肥料效应，在合理施用有机肥料的基础上，提出氮、磷、钾及中、微量元素等肥料的施用品种、数量、施肥时期和施用方法。

3.2　配方肥料 formula fertilizer

以土壤测试、肥料田间试验为基础，根据作物需肥规律、土壤供肥性能和肥料效应，用各种单质肥料和(或)复混肥料为原料，配

制成的适合于特定区域、特定作物品种的肥料。

3.3 肥料效应 fertilizer response

肥料效应是肥料对作物产量和品质的作用效果，通常以肥料单位养分的施用量所能获得的作物增产量和效益表示。

3.4 施肥量 dose rate; dose

施于单位面积耕地或单位质量生长介质中的肥料或养分的质量或体积。

3.5 常规施肥 regular fertilizing

亦称习惯施肥，指当地前三年平均施肥量(主要指氮、磷、钾肥)、施肥品种和施肥方法。

3.6 空白对照 control

无肥处理，用于确定肥料效应的绝对值，评价土壤自然生产力和计算肥料利用率等。

3.7 地力 soil fertility

是指在当前管理水平下，由土壤本身特性、自然背景条件和农田基础设施等要素综合构成的耕地生产能力。

3.8 耕地地力评价 soil productivity assessment

是指根据耕地所在地的气候、地形地貌、成土母质、土壤理化性状、农田基础设施等要素相互作用表现出来的综合特征，对农田生态环境优劣、农作物种植适宜性、耕地潜在生物生产力高低进行评价。

4 肥料效应田间试验

4.1 试验目的

肥料效应田间试验是获得各种作物最佳施肥品种、施肥比例、施肥数量、施肥时期、施肥方法的根本途径，也是筛选、验证土壤养分测试方法、建立施肥指标体系的基本环节。通过田间试验，掌握各个施肥单元不同作物优化施肥数量，基、追肥分配比例，施肥时期和施肥方法；摸清土壤养分校正系数、土壤供肥能力、不同作物养分吸收量和肥料利用率等基本参数；构建作物施肥模型，为施肥分区和肥料配方设计提供依据。

4.2　试验设计

肥料效应田间试验设计，取决于试验目的。本规范推荐采用“3414”方案设计，在具体实施过程中可根据研究目的选用“3414”完全实施方案或部分实施方案。对于蔬菜、果树等经济作物，可根据作物特点设计试验方案。

4.2.1　“3414”完全实施方案

“3414”方案设计吸收了回归最优设计处理少、效率高的优点，是目前应用较为广泛的肥料效应田间试验方案。“3414”是指氮、磷、钾 3 个因素 4 个水平 14 个处理。4 个水平的含义：0 水平指不施肥，2 水平指当地推荐施肥量，1 水平（指施肥不足）＝2 水平×0.5，3 水平（指过量施肥）＝2 水平×1.5（表附 3-1）。为便于汇总，

表附 3-1　“3414”试验方案处理（推荐方案）

试验编号	处理	N	P	K
1	$N_0P_0K_0$	0	0	0
2	$N_0P_2K_2$	0	2	2
3	$N_1P_2K_2$	1	2	2
4	$N_2P_0K_2$	2	0	2
5	$N_2P_1K_2$	2	1	2
6	$N_2P_2K_2$	2	2	2
7	$N_2P_3K_2$	2	3	2
8	$N_2P_2K_0$	2	2	0
9	$N_2P_2K_1$	2	2	1
10	$N_2P_2K_3$	2	2	3
11	$N_3P_2K_2$	3	2	2
12	$N_1P_1K_2$	1	1	2
13	$N_1P_2K_1$	1	2	1
14	$N_2P_1K_1$	2	1	1

同一作物、同一区域内施肥量要保持一致。如果需要研究有机肥料和中、微量元素肥料效应，可在此基础上增加处理。

该方案可应用 14 个处理进行氮、磷、钾三元二次效应方程拟合，还可分别进行氮、磷、钾中任意二元或一元效应方程拟合。

例如：进行氮、磷二元效应方程拟合时，可选用处理 2～7、11、12，求得在以 K_2 水平为基础的氮、磷二元二次效应方程；选用处理 2、3、6、11 可求得在 P_2K_2 水平为基础的氮肥效应方程；选用处理 4、5、6、7 可求得在 N_2K_2 水平为基础的磷肥效应方程；选用处理 6、8、9、10 可求得在 N_2P_2 水平为基础的钾肥效应方程。此外，通过处理 1，可以获得基础地力产量，即空白区产量。

其具体操作参照有关试验设计与统计技术资料。

4.2.2 “3414”部分实施方案

试验氮、磷、钾某一个或两个养分的效应，或因其他原因无法实施“3414”完全实施方案，可在“3414”方案中选择相关处理，即“3414”的部分实施方案。这样既保持了测土配方施肥田间试验总体设计的完整性，又考虑到不同区域土壤养分特点和不同试验目的要求，满足不同层次的需要。如有些区域重点要试验氮、磷效果，可在 K_2 作肥底的基础上进行氮、磷二元肥料效应试验，但应设置 3 次重复。具体处理及其与“3414”方案处理编号对应列于表附 3-2。

上述方案也可分别建立氮、磷一元效应方程。

在肥料试验中，为了取得土壤养分供应量、作物吸收养分量、土壤养分丰缺指标等参数，一般把试验设计为 5 个处理：空白对照(CK)、无氮区(PK)、无磷区(NK)、无钾区(NP)和氮、磷、钾区(NPK)。这 5 个处理分别是“3414”完全实施方案中的处理 1、2、4、8 和 6(表附 3-3)。如要获得有机肥料的效应，可增加有机肥处理区(M)；试验某种中(微)量元素的效应，在 NPK 基础上，进行加与不加该中(微)量元素处理的比较。试验要求测试土壤养分和植

表附 3-2　氮、磷二元二次肥料试验设计与“3414”方案处理编号对应表

处理编号	“3414”方案处理编号	处理	N	P	K
1	1	$N_0P_0K_0$	0	0	0
2	2	$N_0P_2K_2$	0	2	2
3	3	$N_1P_2K_2$	1	2	2
4	4	$N_2P_0K_2$	2	0	2
5	5	$N_2P_1K_2$	2	1	2
6	6	$N_2P_2K_2$	2	2	2
7	7	$N_2P_3K_2$	2	3	2
8	11	$N_3P_2K_2$	3	2	2
9	12	$N_1P_1K_2$	1	1	2

株养分含量，进行考种和计产。试验设计中，氮、磷、钾、有机肥等用量应接近肥料效应函数计算的最高产量施肥量或用其他方法推荐的合理用量。

表附 3-3　常规 5 处理试验设计与“3414”方案处理编号对应表

处理	“3414”方案处理编号	处理	N	P	K
无肥区	1	$N_0P_0K_0$	0	0	0
无氮区	2	$N_0P_2K_2$	0	2	2
无磷区	4	$N_2P_0K_2$	2	0	2
无钾区	8	$N_2P_2K_0$	2	2	0
氮磷钾区	6	$N_2P_2K_2$	2	2	2

4.3　试验实施

4.3.1　试验地选择

试验地应选择平坦、整齐、肥力均匀，具有代表性的不同肥力水平的地块；坡地应选择坡度平缓、肥力差异较小的田块；试验地应避开道路、堆肥场所等特殊地块。

4.3.2 试验作物品种选择

田间试验应选择当地主栽作物品种或拟推广品种。

4.3.3 试验准备

整地、设置保护行、试验地区划；小区应单灌单排，避免串灌串排；试验前采集土壤样品；依测试项目不同，分别制备新鲜或风干土样。

4.3.4 试验重复与小区排列

为保证试验精度，减少人为因素、土壤肥力和气候因素的影响，田间试验一般设3～4个重复（或区组）。采用随机区组排列，区组内土壤、地形等条件应相对一致，区组间允许有差异。同一生长季、同一作物、同类试验在10个以上时可采用多点无重复设计。

小区面积：大田作物和露地蔬菜作物小区面积一般为20～50 m^2，密植作物可小些，中耕作物可大些；设施蔬菜作物一般为20～30 m^2，至少5行以上。小区宽度：密植作物不小于3 m，中耕作物不小于4 m。多年生果树类选择土壤肥力差异小的地块和树龄相同、株形和产量相对一致的成年果树进行试验，每个处理不少于4株，以树冠投影区计算小区面积。

4.3.5 试验记载与测试

参照肥料效应鉴定田间试验技术规程（NY/T 497—2002）执行，试验前采集基础土样进行测定，收获期采集植株样品，进行考种和生物与经济产量测定。必要时进行植株分析，每个县每种作物应按高、中、低肥力分别各取不少于1组“3414”试验中1、2、4、8、6处理的植株样品；有条件的地区，采集“3414”试验中所有处理的植株样品。

4.4 试验统计分析

常规试验和回归试验的统计分析方法参见肥料效应鉴定田间试验技术规程（NY/T 497—2002）或其他专业书籍，相关统计程序可在中国肥料信息网下载或应用。

5 样品采集与制备

采样人员要具有一定采样经验，熟悉采样方法和要求，了解采样区域农业生产情况。采样前，要收集采样区域土壤图、土地利用现状图、行政区划图等资料，绘制样点分布图，制订采样工作计划。准备 GPS、采样工具、采样袋(布袋、纸袋或塑料网袋)、采样标签等。

5.1 土壤样品采集

土壤样品采集应具有代表性和可比性，并根据不同分析项目采取相应的采样和处理方法。

5.1.1 采样规划

采样点的确定应在全县范围内统筹规划。在采样前，综合土壤图、土地利用现状图和行政区划图，并参考第二次土壤普查采样点位图确定采样点位，形成采样点位图。实际采样时严禁随意变更采样点，若有变更须注明理由。其中，用于耕地地力评价的土样样品采样点在全县范围内布设，采样数量应为总采样数量的10%～15%，但不得少于400个，并在第一年全部完成耕地地力评价的土壤采样工作。

5.1.2 采样单元

根据土壤类型、土地利用、耕作制度、产量水平等因素，将采样区域划分为若干个采样单元，每个采样单元的土壤性状要尽可能均匀一致。

平均每个采样单元为100～200亩(平原区、大田作物每100～500亩采一个样，丘陵区、大田园艺作物每30～80亩采一个样，温室大棚作物每30～40个棚室或20～40亩采一个样)。为便于田间示范跟踪和施肥分区，采样集中在位于每个采样单元相对中心位置的典型地块(同一农户的地块)，采样地块面积为1～10亩。有条件的地区，可以农户地块为土壤采样单元。采用GPS定位，记录经纬度，精确到0.1″。

5.1.3 采样时间

在作物收获后或播种施肥前采集,一般在秋后。设施蔬菜在晾棚期采集。果园在果品采摘后的第一次施肥前采集,幼树及未挂果果园,应在清园扩穴施肥前采集。进行氮肥追肥推荐时,应在追肥前或作物生长的关键时期采集。

5.1.4 采样周期

同一采样单元,无机氮及植株氮营养快速诊断每季或每年采集一次;土壤有效磷、速效钾等一般 2～3 年采集一次;中、微量元素一般 3～5 年采集一次。

5.1.5 采样深度

大田采样深度为 0～20 cm,果园采样深度一般为 0～20 cm、20～40 cm 两层分别采集。用于土壤无机氮含量测定的采样深度应根据不同作物、不同生育期的主要根系分布深度来确定。

5.1.6 采样点数量

要保证足够的采样点,使之能代表采样单元的土壤特性。采样必须多点混合,每个样品取 15～20 个样点。

5.1.7 采样路线

采样时应沿着一定的线路,按照“随机”、“等量”和“多点混合”的原则进行采样。一般采用“S”形布点采样。在地形变化小、地力较均匀、采样单元面积较小的情况下,也可采用“梅花”形布点取样。要避开路边、田埂、沟边、肥堆等特殊部位。蔬菜地混合样点的样品采集要根据沟、垄面积的比例确定沟、垄采样点数量。果园采样要以树干为圆点向外延伸到树冠边缘的 2/3 处采集,每株对角采 2 点。

5.1.8 采样方法

每个采样点的取土深度及采样量应均匀一致,土样上层与下层的比例要相同。取样器应垂直于地面入土,深度相同。用取土铲取样应先铲出一个耕层断面,再平行于断面取土。所有样品都应采用不锈钢取土器采样。

5.1.9　样品量

混合土样以取土 1 kg 左右为宜(用于推荐施肥的 0.5 kg,用于田间试验和耕地地力评价的 2 kg 以上,长期保存备用),可用四分法将多余的土壤弃去。方法是将采集的土壤样品放在盘子里或塑料布上,弄碎、混匀,铺成正方形,画对角线将土样分成 4 份,把对角的两份分别合并成一份,保留一份,弃去一份。如果所得的样品依然很多,可再用四分法处理,直至所需数量为止。

5.1.10　样品标记

采集的样品放入统一的样品袋,用铅笔写好标签,内外各一张。

5.2　土壤样品制备

5.2.1　新鲜样品

某些土壤成分如二价铁、硝态氮、铵态氮等在风干过程中会发生显著变化,必须用新鲜样品进行分析。为了能真实反映土壤在田间自然状态下的某些理化性状,新鲜样品要及时送回室内进行处理分析,用粗玻璃棒或塑料棒将样品混匀后迅速称样测定。

新鲜样品一般不宜贮存,如需要暂时贮存,可将新鲜样品装入塑料袋,扎紧袋口,放在冰箱冷藏室或进行速冻保存。

5.2.2　风干样品

从野外采回的土壤样品要及时放在样品盘上,摊成薄薄一层,置于干净整洁的室内通风处自然风干,严禁曝晒,并注意防止酸、碱等气体及灰尘的污染。风干过程中要经常翻动土样并将大土块捏碎以加速干燥,同时剔除侵入体。

风干后的土样按照不同的分析要求研磨过筛,充分混匀后,装入样品瓶中备用。瓶内外各放标签一张,写明编号、采样地点、土壤名称、采样深度、样品粒径、采样日期、采样人及制样时间、制样人等项目。制备好的样品要妥善贮存,避免日晒、高温、潮湿和酸碱等气体的污染。全部分析工作结束,分析数据核实无误后,试样一般还要保存3～12个月,以备查询。"3414"试验等有价值、需要长期保存的样品,须保存于广口瓶中,用蜡封好瓶口。

5.2.2.1 一般化学分析试样

将风干后的样品平铺在制样板上,用木棍或塑料棍碾压,并将植物残体、石块等侵入体和新生体剔除干净。细小已断的植物须根,可采用静电吸附的方法清除。压碎的土样用2 mm孔径筛过筛,未通过的土粒重新碾压,直至全部样品通过2 mm孔径筛为止。通过2 mm孔径筛的土样可供pH、盐分、交换性能及有效养分等项目的测定。

将通过2 mm孔径筛的土样用四分法取出一部分继续碾磨,使之全部通过0.25 mm孔径筛,供有机质、全氮、碳酸钙等项目的测定。

5.2.2.2 微量元素分析试样

用于微量元素分析的土样,其处理方法同一般化学分析样品,但在采样、风干、研磨、过筛、运输、贮存等环节,不要接触容易造成样品污染的铁、铜等金属器具。采样、制样推荐使用不锈钢、木、竹或塑料工具,过筛使用尼龙网筛等。通过2 mm孔径尼龙筛的样品可用于测定土壤有效态微量元素。

5.2.2.3 颗粒分析试样

将风干土样反复碾碎,用2 mm孔径筛过筛。留在筛上的碎石称量后保存,同时将过筛的土壤称重,计算石砾质量分数。将通过2 mm孔径筛的土样混匀后盛于广口瓶内,用于颗粒分析及其他物理性状测定。

若风干土样中有铁锰结核、石灰结核或半风化体,不能用木棍碾碎,应首先将其细心拣出称量保存,然后再进行碾碎。

5.3 植物样品的采集与制备

5.3.1 采样要求

植物样品分析的可靠性受样品数量、采集方法及植株部位影响,因此,采样应具有:

①代表性，采集样品能符合群体情况，采样量一般为 1 kg。

②典型性，采样的部位能反映所要了解的情况。

③适时性，根据研究目的，在不同生长发育阶段，定期采样。

粮食作物一般在成熟后收获前采集籽实部分及秸秆；发生偶然污染事故时，在田间完整地采集整株植株样品；水果及其他植株样品根据研究目的确定采样要求。

5.3.2　样品采集

5.3.2.1　粮食作物

由于粮食作物生长的不均一性，一般采用多点取样，避开田边 2 m，按“梅花”形（适用于采样单元面积小的情况）或“S”形采样法采样。在采样区内采取 10 个样点的样品组成一个混合样。采样量根据检测项目而定，籽实样品一般 1 kg 左右，装入纸袋或布袋。要采集完整植株样品可以稍多些，2 kg 左右，用塑料纸包扎好。

5.3.2.2　棉花样品

棉花样品包括茎秆、空桃壳、叶片、籽棉等部分。样株选择和采样方法参照粮食作物。按样区采集籽棉，第一次采摘后将籽棉放在通透性较好的网袋中晾干（或晒干），以后每次收获时均装入网袋中，各次采摘结束后，将同一取样袋中的籽棉作为该采样区籽棉混合样。

5.3.2.3　油菜样品

油菜样品包括籽粒、角壳、茎秆、叶片等部分。样株选择和采样方法参照粮食作物。鉴于油菜在开花后期开始落叶，至收获期植株上叶片基本全部掉落，叶片的取样应在开花后期，每区采样点不应少于 10 个（每点至少 1 株），采集油菜植株全部叶片。

5.3.2.4　水果样品

平坦果园采样时，可采用对角线法布点采样，由采样区的一角向另一角引一对角线，在此线上等距离布设采样点，采样点多少根据采样区域面积、地形及检测目的确定。山地果园应按不同海拔高度均匀布点，采样点一般不应少于 10 个。对于树型较大的果树,采样时应在果树的上、中、下、内、外部及果实着生方位(东南西北)均匀采摘果实。将各点采摘的果品进行充分混合,按四分法缩分,根据检验项目要求,最后分取所需份数,每份 1 kg 左右,分别装入袋内,粘贴标签,扎紧袋口。水果样品采摘时要注意树龄、长势、载果数量等。

5.3.2.5　蔬菜样品

蔬菜品种繁多,可大致分成叶菜、根菜、瓜果三类,按需要确定采样对象。

菜地采样可按对角线或"S"形法布点,采样点不应少于10个,采样量根据样本个体大小确定,一般每个点的采样量不少于1 kg。从多个点采集的蔬菜样,按四分法进行缩分,其中个体大的样本,如大白菜等可采用纵向对称切成 4 份或 8 份,取其 2 份的方法进行缩分,最后分取 3 份,每份约 1 kg,分别装入塑料袋,粘贴标签,扎紧袋口。

如需用鲜样进行测定,采样时最好连根带土一起挖出,用湿布或塑料袋装,防止萎蔫。采集根部样品时,在抖落泥土或洗净泥土过程中应尽量保持根系的完整。

市场采样可参照市场水果取样方法进行。

5.3.3　标签内容

包括采样序号、采样地点、样品名称、采样人、采集时间和样品处理号等。

5.3.4　采样点调查内容

包括作物品种、土壤名称(或当地俗称)、成土母质、地形地势、耕作制度、前茬作物及产量、化肥农药施用情况、灌溉水源、采样点地理位置简图。果树要记载树龄、长势、载果数量等。

5.3.5　植株样品处理与保存

粮食籽实样品应及时晒干脱粒,充分混匀后用四分法缩分至所需量。需要洗涤时,注意时间不宜过长并及时风干。为了防止样品变质、虫咬,需要定期进行风干处理。使用不污染样品的工具将籽实粉碎，用 0.5 mm 筛子过筛制成待测样品。带壳类粮食如稻谷应去壳制成糙米，再进行粉碎过筛。测定重金属元素含量时，不要使用能造成污染的器械。

完整的植株样品先洗干净，根据作物生物学特性差异，采用能反映特征的植株部位，用不污染待测元素的工具剪碎样品，充分混匀用四分法缩分至所需的量，制成鲜样或于 60℃烘箱中烘干后粉碎备用。

田间(或市场)所采集的新鲜水果、蔬菜、烟叶和茶叶样品若不能马上进行分析测定，应暂时放入冰箱保存。

6　土壤与植物测试

6.1　土壤测试

6.1.1　土壤质地

国际制：指测法或比重计法(粒度分布仪法)测定。

6.1.2　土壤容重

环刀法测定。

6.1.3　土壤水分

6.1.3.1 土壤含水量

烘干法测定。

6.1.3.2　土壤田间持水量

环刀法测定。

6.1.4　土壤酸碱度和石灰需要量

6.1.4.1　土壤 pH

土液比 1∶2.5，电位法测定。

6.1.4.2　土壤交换酸

氯化钾交换，中和滴定法测定。

6.1.4.3　石灰需要量

氯化钙交换，中和滴定法测定。

6.1.5　土壤阳离子交换量

EDTA-乙酸铵盐交换法测定。

6.1.6 土壤水溶性盐分

6.1.6.1 土壤水溶性盐分总量

电导率法或重量法测定。

6.1.6.2 碳酸根和重碳酸根

电位滴定法或双指示剂中和法测定。

6.1.6.3 氯离子

硝酸银滴定法测定。

6.1.6.4 硫酸根离子

硫酸钡比浊法或EDTA间接滴定法测定。

6.1.6.5 钙、镁离子

原子吸收分光光度计法测定。

6.1.6.6 钾、钠离子

火焰光度法或原子吸收分光光度计法测定。

6.1.7 土壤氧化还原电位

电位法测定。

6.1.8 土壤有机质

油浴加热重铬酸钾氧化容量法测定。

6.1.9 土壤氮

6.1.9.1 土壤全氮

凯氏蒸馏法测定。

6.1.9.2 土壤水解性氮

碱解扩散法测定。

6.1.9.3 土壤铵态氮

氯化钾浸提,靛酚蓝比色法测定。

6.1.9.4 土壤硝态氮

氯化钙浸提,紫外分光光度计法或酚二磺酸比色法测定。

6.1.10 土壤有效磷

碳酸氢钠或氟化铵-盐酸浸提,钼锑抗比色法测定。

6.1.11 土壤钾

6.1.11.1　土壤缓效钾

硝酸提取，火焰光度计、原子吸收分光光度计法或 ICP 法测定。

6.1.11.2　土壤速效钾

乙酸铵浸提，火焰光度计、原子吸收分光光度计法或 ICP 法测定。

6.1.12　土壤交换性钙镁

乙酸铵交换，原子吸收分光光度计法或 ICP 法测定。

6.1.13　土壤有效硫

磷酸盐-乙酸或氯化钙浸提，硫酸钡比浊法测定。

6.1.14　土壤有效硅

柠檬酸或乙酸缓冲液浸提，硅钼蓝比色法测定。

6.1.15　土壤有效铜、锌、铁、锰

DTPA 浸提，原子吸收分光光度计法或 ICP 法测定。

6.1.16　土壤有效硼

沸水浸提，甲亚胺-II 比色法或姜黄素比色法或 ICP 法测定。

6.1.17　土壤有效钼

草酸-草酸铵浸提，极谱法测定。

测土配方施肥和耕地地力评价样品测试项目汇总于表附 3-4。

6.2　植物测试

6.2.1　全氮、全磷、全钾

硫酸-过氧化氢消煮，或水杨酸-锌粉还原，硫酸-加速剂消煮，全氮采用蒸馏滴定法测定；全磷采用钒钼黄或钼锑抗比色法测定；全钾采用火焰光度法或原子吸收分光光度计法测定。

6.2.2　水分

常压恒温干燥法或减压干燥法测定。

表附 3-4 测土配方施肥和耕地地力评价样品测试项目汇总

	测试项目	测土配方施肥	耕地地力评价
1	土壤质地,指测法	必测	
2	土壤质地,比重计法	选测	
3	土壤容重	选测	
4	土壤含水量	选测	
5	土壤田间持水量	选测	
6	土壤 pH	必测	必测
7	土壤交换酸	选测	
8	石灰需要量	pH 值<6 的样品必测	
9	土壤阳离子交换量	选测	
10	土壤水溶性盐分	选测	
11	土壤氧化还原电位	选测	
12	土壤有机质	必测	必测
13	土壤全氮	选测	必测
14	土壤水解性氮		
15	土壤铵态氮	至少测试 1 项	
16	土壤硝态氮		
17	土壤有效磷	必测	必测
18	土壤缓效钾	必测	必测
19	土壤速效钾	必测	必测
20	土壤交换性钙镁	pH 值<6.5 的样品必测	
21	土壤有效硫	必测	
22	土壤有效硅	选测	
23	土壤有效铁、锰、铜、锌、硼	必测	
24	土壤有效钼	选测,豆科作物产区必测	

注:用于耕地地力评价的土壤样品,除以上养分指标必测外,项目县如果选择其他养分指标作为评价因子,也应当进行分析测试。

6.2.3 粗灰分

干灰化法测定。

6.2.4 全钙、全镁

干灰化-稀盐酸溶解法或硝酸-高氯酸消煮法，原子吸收分光光度计法或ICP法测定。

6.2.5 全硫

硝酸-高氯酸消煮法或硝酸镁灰化法，硫酸钡比浊法或ICP法测定。

6.2.6 全硼、全钼

干灰化-稀盐酸溶解，硼采用姜黄素或甲亚胺比色法测定，钼采用石墨炉原子吸收法或极谱法测定。

6.2.7 全量铜、锌、铁、锰

干灰化或湿灰化，原子吸收分光光度计法或ICP法测定。

6.3 土壤、植株营养诊断（选测项目）

6.3.1 土壤硝态氮田间快速诊断

水浸提，硝酸盐反射仪法测定。

6.3.2 冬小麦/夏玉米植株氮营养田间诊断

小麦茎基部、夏玉米最新展开叶叶脉中部榨汁，硝酸盐反射仪法测定。

6.3.3 水稻氮营养快速诊断

叶绿素仪或叶色卡法测定。

7 田间基本情况调查

7.1 调查内容

在土壤取样的同时，调查田间基本情况，填写测土配方施肥采样地块基本情况调查表。同时开展农户施肥情况调查，填写农户施肥情况调查表；参见11.2.1.2。

7.2 调查对象

调查对象是采样点所属村组人员和地块所属农户。

8 基础数据库的建立

8.1 数据库建立标准

8.1.1 属性数据采集标准

按照测土配方施肥数据字典建立属性数据的采集标准。采集标准包含对每个指标完整的命名、格式、类型、取值区间等定义。在建立属性数据库时要按数据字典要求，制订统一的基础数据编码规则，进行属性数据录入。

8.1.2 空间数据采集标准

县级地图采用1∶50 000地形图为空间数学框架基础。

投影方式：高斯-克吕格投影，6度分带。

坐标系及椭球参数：西安80/克拉索夫斯基。

高程系统：1980年国家高程基准。

野外调查GPS定位数据：初始数据采用经纬度，统一采用GW84坐标系，并在调查表格中记载；装入GIS系统与图件匹配时，再投影转换为上述直角坐标系坐标。

8.2 数据库建立方法

8.2.1 属性数据库建立

属性数据库的内容包括田间试验示范数据、土壤与植物测试数据、田间基本情况及农户调查数据等。属性数据库的建立应独立于空间数据，按照数据字典要求在SQL或ACCESS等数据库中建立。

8.2.2 空间数据库建立

空间数据库的内容包括土壤图、土地利用现状图、行政区划图、采样点位图等。应用GIS软件，采用数字化仪或扫描后屏幕数字化的方式录入。图件比例尺为1∶50 000。

8.2.3 施肥指导单元属性数据获取

可由土壤图、土地利用现状图和行政区划图叠加求交生成施肥指导单元图。在指导单元图内统计采样点，如果一个单元内有一个采样点，则该单元的数值就用该点的数值，如果一个单元内有多个采样点，则该单元的数值可采用多个采样点的平均值（数值型取平均值，文本型取大样本值，下同）；如果某一单元内没有采样点，则该单元的值可用与该单元相邻同土种的单元的值代替；如果没有同土种单元相邻，或相邻同土种单元也没有数据则可用与之相邻的所有单元（有数据）的平均值代替。

8.3　数据库的质量控制

8.3.1　属性数据质量控制

数据录入前应仔细审核，数值型资料应注意量纲、上下限，地名应注意汉字多音字、繁简体、简全称等问题，审核定稿后再录入。为保证数据录入准确无误，录入后还应逐条检查。

8.3.2　图件数据质量控制

扫描影像能够区分图中各要素，若有线条不清晰现象，需重新扫描。

扫描影像数据经过角度纠正，纠正后的图幅下方两个内图廓点的连线与水平线的角度误差不超过 0.2°。

公里网格线交叉点为图形纠正控制点，每幅图应选取不少于 20 个控制点，纠正后控制点的点位绝对误差不超过 0.2 mm（图面值）。

矢量化：要求图内各要素的采集无错漏现象，图层分类和命名符合统一的规范，各要素的采集与扫描数据相吻合，线划（点位）整体或部分偏移的距离不超过 0.3 mm（图面值）。

所有数据层具有严格的拓扑结构。面状图形数据中没有碎片多边形。图形数据及属性数据的输入正确。

8.3.3　图件输出质量要求

图须覆盖整个辖区，不得丢漏。

图中要素必有项目包括评价单元图斑、各评价要素图斑和调查点位数据、线状地物、注记。要素的颜色、图案、线型等表示符合规范要求。

图外要素必有项目包括图名、图例、坐标系及高程系说明、成图比例尺、制图单位全称、制图时间等。

8.3.4 面积数据要求

耕地面积数据以当地政府公布的数据(土地详查面积)为控制面积。

8.3.5 统一的系统操作和数据管理

设置统一的系统操作和数据管理,各级用户通过规范的操作,来实现数据的采集、分析、利用和传输等功能。

9 肥料配方设计

9.1 基于田块的肥料配方设计

基于田块的肥料配方设计首先确定氮、磷、钾养分的用量,然后确定相应的肥料组合,通过提供配方肥料或发放配肥通知单,指导农民使用。肥料用量的确定方法主要包括土壤与植物测试推荐施肥方法、肥料效应函数法、土壤养分丰缺指标法和养分平衡法。

9.1.1 土壤与植物测试推荐施肥方法

该技术综合了目标产量法、养分丰缺指标法和作物营养诊断法的优点。对于大田作物,在综合考虑有机肥、作物秸秆应用和管理措施的基础上,根据氮、磷、钾和中、微量元素养分的不同特征,采取不同的养分优化调控与管理策略。其中,氮肥推荐根据土壤供氮状况和作物需氮量,进行实时动态监测和精确调控,包括基肥和追肥的调控;磷、钾肥通过土壤测试和养分平衡进行监控;中、微量元素采用因缺补缺的矫正施肥策略。该技术包括氮素实时监控、磷钾养分恒量监控和中、微量元素养分矫正施肥技术。

9.1.1.1 氮素实时监控施肥技术

根据不同土壤、不同作物、不同目标产量确定作物需氮量,以需氮量的30%~60%作为基肥用量。具体基施比例根据土壤全氮含量,同时参照当地丰缺指标来确定。一般在全氮含量偏低时,采用需氮量的50%～60%作为基肥；在全氮含量居中时，采用需氮量的40%～50%作为基肥；在全氮含量偏高时，采用需氮量的30%～40%作为基肥。30%～60%基肥比例可根据上述方法确定，并通过"3414"田间试验进行校验，建立当地不同作物的施肥指标体系。有条件的地区可在播种前对0～20 cm土壤无机氮（或硝态氮）进行监测，调节基肥用量。

$$\underset{(\text{kg/亩})}{\text{基肥用量}}=\frac{(\text{目标产量需氮量}-\text{土壤无机氮})\times(30\%\sim60\%)}{\text{肥料中养分含量}\times\text{肥料当季利用率}}$$

其中：土壤无机氮(kg/亩)＝土壤无机氮测试值(mg/kg)×0.15×校正系数。

氮肥追肥用量推荐以作物关键生育期的营养状况诊断或土壤硝态氮的测试为依据，这是实现氮肥准确推荐的关键环节，也是控制过量施氮或施氮不足、提高氮肥利用率和减少损失的重要措施。测试项目主要是土壤全氮含量、土壤硝态氮含量或小麦拔节期茎基部硝酸盐浓度，玉米最新展开叶叶脉中部硝酸盐浓度，水稻采用叶色卡或叶绿素仪进行叶色诊断，参见6.3。

9.1.1.2　磷钾养分恒量监控施肥技术

根据土壤有（速）效磷、钾含量水平，以土壤有（速）效磷、钾养分不成为实现目标产量的限制因子为前提，通过土壤测试和养分平衡监控，使土壤有（速）效磷、钾含量保持在一定范围内。对于磷肥，基本思路是根据土壤有效磷测试结果和养分丰缺指标进行分级，当有效磷水平处在中等偏上时，可以将目标产量需要量（只包括带出田块的收获物）的100%～110%作为当季磷肥用量；随着有效磷含量的增加，需要减少磷肥用量，直至不施；随着有效磷的降低，需要适当增加磷肥用量，在极缺磷的土壤上，可以施到需要量的150%～200%。在2～3年后再次测土时，根据土壤有效磷和产量的变化再对磷肥用量进行调整。钾肥首先需要确定施用钾肥是否有效，再参照上面方法确定钾肥用量，但需要考虑有机肥和秸秆还田带入的钾量。一般大田作物磷、钾肥料全部作基肥。

9.1.1.3 中、微量元素养分矫正施肥技术

中、微量元素养分的含量变幅大，作物对其需要量也各不相同。主要与土壤特性（尤其是母质）、作物种类和产量水平等有关。矫正施肥就是通过土壤测试，评价土壤中、微量元素养分的丰缺状况，进行有针对性的因缺补缺的施肥。

9.1.2 肥料效应函数法

根据“3414”方案田间试验结果建立当地主要作物的肥料效应函数，直接获得某一区域、某种作物的氮、磷、钾肥料的最佳施用量，为肥料配方和施肥推荐提供依据。

9.1.3 土壤养分丰缺指标法

通过土壤养分测试结果和田间肥效试验结果，建立不同作物、不同区域的土壤养分丰缺指标，提供肥料配方。

土壤养分丰缺指标田间试验也可采用“3414”部分实施方案，详见4.2.2。“3414”方案中的处理1为空白对照（CK），处理6为全肥区（NPK），处理2、4、8为缺素区（即PK、NK和NP）。收获后计算产量，用缺素区产量占全肥区产量百分数即相对产量的高低来表达土壤养分的丰缺情况。相对产量低于50%的土壤养分为极低，相对产量50%～60%（不含）为低，60%～70%（不含）为较低，70%～80%（不含）为中，80%～90%（不含）为较高，90%（含）以上为高，从而确定适用于某一区域、某种作物的土壤养分丰缺指标及对应的肥料施用数量。对该区域其他田块，通过土壤养分测试，就可以了解土壤养分的丰缺状况，提出相应的推荐施肥量。

9.1.4 养分平衡法

9.1.4.1 基本原理与计算方法

根据作物目标产量需肥量与土壤供肥量之差估算施肥量，计算公式为：

$$施肥量(kg/亩)=\frac{目标产量所需养分总量-土壤供肥量}{肥料中养分含量\times肥料当季利用率}$$

养分平衡法涉及目标产量、作物需肥量、土壤供肥量、肥料利用率和肥料中有效养分含量五大参数。土壤供肥量即为"3414"方案中处理1的作物养分吸收量。目标产量确定后因土壤供肥量的确定方法不同，形成了地力差减法和土壤有效养分校正系数法两种。

地力差减法是根据作物目标产量与基础产量之差来计算施肥量的一种方法。其计算公式为：

$$\underset{(kg/亩)}{施肥量}=\frac{(目标产量-基础产量)\times单位经济产量养分吸收量}{肥料中养分含量\times肥料利用率}$$

基础产量即为"3414"方案中处理1的产量。

土壤有效养分校正系数法是通过测定土壤有效养分含量来计算施肥量。其计算公式为：

$$\underset{(kg/亩)}{施肥量}=\frac{\begin{array}{c}作物单位产量养分\\吸收量\times目标产量\end{array}-\begin{array}{c}土壤测试值\times0.15\times\\土壤有效养分校正系数\end{array}}{肥料中养分含量\times肥料利用率}$$

9.1.4.2　有关参数的确定

①目标产量

目标产量可采用平均单产法来确定。平均单产法是利用施肥区前3年平均单产和年递增率为基础确定目标产量，其计算公式是：

$$目标产量(kg/亩)=(1+递增率)\times前3年平均单产(kg/亩)$$

一般粮食作物的递增率为10%～15%，露地蔬菜为20%，设施蔬菜为30%。

②作物需肥量

通过对正常成熟的农作物全株养分的分析,测定各种作物百千克经济产量所需养分量,乘以目标常量即可获得作物需肥量。

$$\text{作物目标产量所需养分量(kg)}=\frac{\text{目标产量(kg)}}{100}\times\text{百千克产量所需养分量(kg)}$$

③土壤供肥量

土壤供肥量可以通过测定基础产量、土壤有效养分校正系数两种方法估算。

通过基础产量估算(处理1产量):不施肥区作物所吸收的养分量作为土壤供肥量。

$$\text{土壤供肥量(kg)}=\frac{\text{不施肥区农作物产量}}{100}\times\text{百千克产量所需养分量(kg)}$$

通过土壤有效养分校正系数估算:将土壤有效养分测定值乘一个校正系数,以表达土壤“真实”供肥量。该系数称为土壤有效养分校正系数。

$$\text{土壤有效养分校正系数(\%)}=\frac{\text{缺素区作物地上部分吸收该元素量(kg/亩)}}{\text{该元素土壤测定值(mg/kg)}\times 0.15}$$

④肥料利用率

一般通过差减法来计算:利用施肥区作物吸收的养分量减去不施肥区农作物吸收的养分量,其差值视为肥料供应的养分量,再除以所用肥料养分量就是肥料利用率。

$$\text{肥料利用率(\%)}=\frac{\text{施肥区农作物吸收养分量(kg/亩)}-\text{缺素区农作物吸收养分量(kg/亩)}}{\text{肥料施用量(kg/亩)}\times\text{肥料中养分含量(\%)}}\times 100\%$$

以计算氮肥利用率为例来进一步说明上述公式。

施肥区(NPK区)农作物吸收养分量(kg/亩):“3414”方案中

处理6的作物总吸氮量；

缺氮区(PK区)农作物吸收养分量(kg/亩)："3414"方案中处理2的作物总吸氮量；

肥料施用量(kg/亩)：施用的氮肥肥料用量；

肥料中养分含量(%)：施用的氮肥肥料所标明的含氮量。

如果同时使用了不同品种的氮肥，应计算所用的不同氮肥品种的总氮量。

⑤肥料养分含量

供施肥料包括无机肥料与有机肥料。无机肥料、商品有机肥料含量按其标明量，不明养分含量的有机肥料养分含量可参照当地不同类型有机肥养分平均含量获得。

9.2　县域施肥分区与肥料配方设计

在GPS定位土壤采样与土壤测试的基础上，综合考虑行政区划、土壤类型、土壤质地、气象资料、种植结构、作物需肥规律等因素，借助信息技术生成区域性土壤养分空间变异图和县域施肥分区图，优化设计不同分区的肥料配方。主要工作步骤如下。

9.2.1　确定研究区域

一般以县级行政区域为施肥分区和肥料配方设计的研究单元。

9.2.2　GPS定位指导下的土壤样品采集

土壤样品采集要求使用GPS定位，采样点的空间分布应相对均匀，如每100亩采集一个土壤样品，先在土壤图上大致确定采样位置，然后在标记位置附近的一个采集地块上采集多点混合土样。

9.2.3　土壤测试与土壤养分空间数据库的建立

将土壤测试数据和空间位置建立对应关系，形成空间数据库，以便能在GIS中进行分析。

9.2.4　土壤养分分区图的制作

基于区域土壤养分分级指标，以GIS为操作平台，使用

Kriging 等方法进行土壤养分空间插值，制作土壤养分分区图。

9.2.5 施肥分区和肥料配方的生成

针对土壤养分的空间分布特征，结合作物养分需求规律和施肥决策系统，生成县域施肥分区图和分区肥料配方。

9.2.6 肥料配方的校验

在肥料配方区域内针对特定作物，进行肥料配方验证。

9.3 测土配方施肥建议卡

略。

10 配方肥料合理施用

在养分需求与供应平衡的基础上，坚持有机肥料与无机肥料相结合；坚持大量元素与中量元素、微量元素相结合；坚持基肥与追肥相结合；坚持施肥与其他措施相结合。在确定肥料用量和肥料配方后，合理施肥的重点是选择肥料种类、确定施肥时期和施肥方法等。

10.1 配方肥料种类

根据土壤性状、肥料特性、作物营养特性、肥料资源等综合因素确定肥料种类，可选用单质或复混肥料自行配制配方肥料，也可直接购买配方肥料。

10.2 施肥时期

根据肥料性质和植物营养特性，适时施肥。植物生长旺盛和吸收养分的关键时期应重点施肥，有灌溉条件的地区应分期施肥。对作物不同时期的氮肥推荐量的确定，有条件区域应建立并采用实时监控技术。

10.3 施肥方法

常用的施肥方式有撒施后耕翻、条施、穴施等。应根据作物种类、栽培方式、肥料性质等选择适宜施肥方法。例如氮肥应深施覆土，施肥后灌水量不能过大，否则造成氮素淋洗损失；水溶性磷肥应集中施用，难溶性磷肥应分层施用或与有机肥料堆沤后施用；有机肥料要经腐熟后施用，并深翻入土。

11　示范及效果评价

11.1　田间示范

11.1.1　示范方案

每县在主要作物上设20～30个测土配方施肥示范点，进行田间对比示范。示范设置常规施肥对照区和测土配方施肥区两个处理，另外加设一个不施肥的空白处理，其中测土配方施肥、农民常规施肥处理面积不少于200 m^2，空白对照（不施肥）处理不少于30 m^2（图附3-1）。其他参照一般肥料试验要求。通过田间示范，综合比较肥料投入、作物产量、经济效益、肥料利用率等指标，客观评价测土配方施肥效益，为测土配方施肥技术参数的校正及进一步优化肥料配方提供依据。田间示范应包括规范的田间记录档案和示范报告。

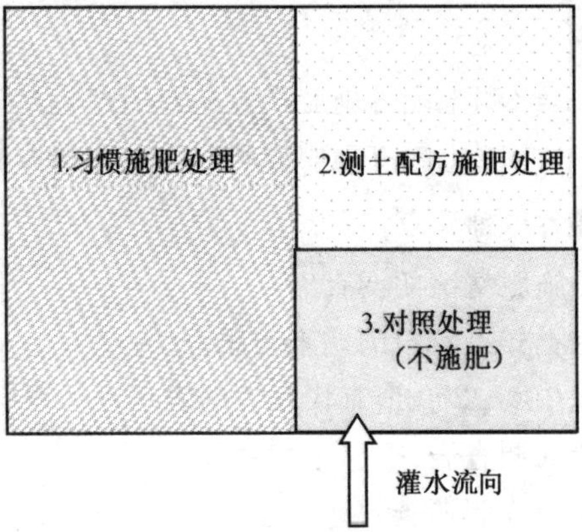

图附3-1　田间示范设置

注：习惯施肥处理完全由农民按照当地习惯进行施肥管理；测土配方施肥处理只是按照试验要求改变施肥数量和方式，对照处理则不施任何化学肥料，其他管理与习惯处理相同。处理间要筑田埂及排、灌沟，单灌单排，禁止串排串灌。

11.1.2 结果分析与数据汇总

对于每一个示范点，可以利用三个处理之间产量、肥料成本、产值等方面的比较，从增产和增收等角度进行分析，同时也可以通过测土配方施肥产量结果与计划产量之间的比较，进行参数校验。有关增产增收的分析指标如下。

11.1.2.1 增产率

测土配方施肥产量与对照（常规施肥或不施肥处理）产量的差值相对于对照产量的百分数。

$$\text{增产率}(\%)=\frac{\text{测土配方施肥产量}-\text{对照产量}}{\text{对照产量}}\times 100\%$$

11.1.2.2 增收

测土配方施肥比对照（常规施肥或不施肥处理）增加的纯收益。

$$\text{增收(元/亩)}=(\text{测土配方施肥产量}-\text{对照产量})\times\text{产品单价}-(\text{测土配方施肥肥料成本}-\text{对照肥料成本})$$

11.2 农户调查反馈

11.2.1 农户施肥情况的调查

11.2.1.1 测土样点农户的调查与跟踪

每县选择100～200个有代表性的农户进行跟踪监测，调查填写农户施肥情况调查表。

11.2.1.2 农户施肥调查

每县选择100个以上有代表性的农户，开展农户施肥调查，以权重、按比例选择测土配方施肥农户、常规施肥农户及不同生产水平的农户，再作汇总分析，以县为单位完成农户测土配方施肥准确度的评价统计表。

11.2.2　测土配方施肥的效果评价方法

11.2.2.1　测土配方施肥农户与常规施肥农户比较

从作物产量、效益、地力变化等方面进行评价。

11.2.2.2　农户测土配方施肥前后的比较

从农民实施测土配方施肥前后的产量、效益进行评价。

11.2.2.3　测土配方施肥准确度的评价

从农户和作物两方面对测土配方施肥技术准确度进行评价。

12　实验室建设与质量控制

12.1　实验室建设

12.1.1　实验室布局

实验室使用面积不小于 200 m^2，由样品处理室、样品保存室、天平室、电热室、分析室、浸提室、贮藏室、危险品贮藏室等组成。

样品干燥需要自然或强制通风，可安装远红外加热设备，但室温不宜超过 40℃。样品研磨需要强制通风、除尘。

样品保存室用于存放样品和参比样，一般样品需保存 3～12 个月，肥料田间试验的基础土壤样品应长期保存。

贮藏室是化验室备用物品贮藏的场所，主要是备用的化学试剂和仪器设备、备件等，必须独立。

浸提室应配置空调，用于样品浸提、稀释、显色等。

分析室应配置空调，用于放置原子吸收分光光度计（强排风）、火焰光度计（强排风）、紫外-可见分光光度计、酸度计等仪器及分析操作使用，仪器应配置标准数据接口或计算机，用于数据自动采集。

危险品贮藏室最好设于大楼以外，主要存放少量易燃、易爆和剧毒危险品，必须有防渗、防爆、防盗设计。

浸提室、分析室等均需设上下水管线，配置防溅洒防护装置，如洗眼器、淋浴喷头等。

12.1.2 环境

制定具体措施:①保证检测工作不受外部环境影响;②保证检测的废液、废水等有害物质对周围环境不产生不利影响;③保证检测人员的身体健康。

12.1.3 仪器

主要包括以下仪器设备:原子吸收分光光度计、火焰光度计、紫外-可见分光光度计、凯氏定氮仪、酸度计、电导仪、超纯水器、样品粉碎机、振荡机、电热干燥箱、电子天平和计算机等。

12.1.4 人员

应配备与检测任务相适应的技术人员。

12.2 质量控制

12.2.1 实验室环境条件的控制

一般可参考以下要求:

环境温度:15～35℃;

相对湿度:20%～75%;

电源电压:(220±11)V,注意接地良好;

噪　声:仪器室噪声<55 dB,工作间噪声<70 dB;

含尘量:<0.28 mg/m^3;

照　度:200～350 lx;

振　动:天平室、仪器室应在4级以下,振动速度<0.20 mm/s;

特殊仪器设备的使用,特殊样品试剂的存放和特殊分析项目的开展,应满足其各自规定的环境条件。

12.2.2 人力资源的控制

按照计量认证的要求,配备相应的专业技术人员,定期培训,定期考核,确保人员素质。

12.2.3 仪器设备及标准物质控制

实验室计量器具主要有仪器设备、玻璃量器、标准物质等三类。

12.2.3.1　仪器设备

应购买已获产品质量认证的专业厂家生产的产品。对检测准确性和有效性有影响的仪器设备,应制定周期校核、检定计划。属强制性检定的,应定期送法定机构检定;属非强制性检定但有检定规程的,一般也应定期送检或自检,但自检应建标并考核合格;属非强制性检定又无检定规程的或不属计量器具但对检测准确性和有效性有影响的,应定期组织自校或验证。自检和验证常用的方法应使用有证标准物质和组织实验室间比对等。

12.2.3.2　玻璃量器

应购置有"制造计量器具许可证"的产品。玻璃量器应按周期进行检定,其中与标准溶液配制、标定有关的,定期送法定机构检定,其余的由本单位具有检定员资格的人员按有关规定自检。

12.2.3.3　标准物质

应购买国务院有关业务主管部门批准、并授权生产,附有标准物质证书且在有效期内的产品。实验室的参比样品、工作标准溶液等应溯源到国家有证标准物质。

12.2.3.4　参比样制备

12.2.3.4.1　土样采集

选择有代表性的土壤类型,采集耕层土样,每类土样不低于1 000 kg。样品采集要防止污染。

12.2.3.4.2　样品制备

①风干:将田间采集的土壤摊平,放在无污染的塑料薄膜上风干。剔除植物残体、沙砾石块等侵入体和新生体。干燥期间注意防尘,避免直接曝晒。②磨碎与过筛:用机械粉碎机制样,通过0.25 mm孔径筛。在研磨与过筛过程中应注意样品的再次除杂。为提高样品的稳定性,有条件的地方可将过筛后的样品通过105℃烘干6 h处理。③混匀:把通过0.25 mm孔径筛的土壤样品全部置于无污染的搅拌器内(如混凝土搅拌机或BB肥混合器)

搅拌，直到搅拌均匀为止，搅拌时间由土样数量和搅拌器性能而定。将混匀的样品全都分装到塑料瓶中(样重约 1 kg)，备用。④均匀性检查：当最小包装单元总量小于 500 瓶时，可按随机数表抽取 15～25(一般为 20 瓶)瓶，大于 500 瓶时，按 $3\times\sqrt[3]{n}$ 计算抽样数；抽取的每个包装单元再分上下两层各抽取 30 g 样品进行测定，推荐检查测定项目为有机质、速效钾和有效铜(或锰)，测定时每个项目由同一人在同一实验条件下在尽量短的时间内完成；测试结果采用单因子方差分析法判定，当测定项目均为 F 计算值≤$F_{0.05}$ 临界值时，则可以认为该批样品均匀。⑤定值：按检测要求将一定量的样品分发至 8 个以上条件良好的实验室，同一项目用统一的方法进行测试分析，结果经整理统计后，得到平均值和标准差。检测项目包括有机质，pH，全氮，全磷，全钾，阳离子交换量，水解性氮，有效磷，速效钾，缓效钾，有效中、微量元素等。⑥稳定性检查：样品定值后由制备单位会同 2～3 个条件良好的化验室进行稳定性检查，第一个年度内检查一次，以后每 2～3 个年度内检查一次，检查参比样的定值是否在方法的允许误差范围内。

12.2.4 实验室内的质量控制

12.2.4.1 标准溶液的校准

标准溶液分为元素标准溶液和标准滴定溶液两类。应严格按照国家有关标准配制、使用和保存。

12.2.4.2 空白试验

空白值的大小和分散程度，影响着方法的检测限和结果的精密度。影响空白值的主要因素：纯水质量、试剂纯度、试液配制质量、玻璃器皿的洁净度、精密仪器的灵敏度和精密度、实验室的清洁度、分析人员的操作水平和经验等等。空白试验一般平行测定的相对差值不应大于 50%，同时，应通过大量的试验，逐步总结出各种空白值的合理范围。每个测试批次及重新配置药剂都要增加空白。

12.2.4.3　精密度控制

精密度一般采用平行测定的允许差来控制。通常情况下，土壤样品需作10%～30%的平行。5个样品以下的，应增加为100%的平行。

平行测试结果符合规定的允许差，最终结果以其平均值报出；如果平行测试结果超过规定的允许差，需再加测一次，取符合规定允许差的测定值报出。如果多组平行测试结果超过规定的允许差，应考虑整批重作。

12.2.4.4　准确度控制

准确度一般采用标准样品作为控制手段。通常情况下，每批样品或每50个样品加测标准样品一个，其测试结果与标准样品标准值的差值，应控制在标准偏差(S)范围内。

采用参比样品控制与标准样品控制一样，但首先要与标准样品校准或组织多个实验室进行定值。在土壤测试中，一般用标准样品控制微量分析，用参比样品控制常量分析。如果标准样品(或参比样品)测试结果超差，则应对整个测试过程进行检查，找出超差原因再重新工作。此外，加标回收试验也经常用作准确度的控制。

12.2.4.5　干扰的消除或减弱

干扰对检测质量影响极大，应注意干扰的存在并设法排除。主要方法有：

①可采用物理或化学方法分离被测物质或除去干扰物质；

②利用氧化还原反应，使试液中的干扰物转化为不干扰的形态；

③加入络合剂掩蔽干扰离子；

④采用有机溶剂的萃取及反萃取消除干扰；

⑤采用标准加入法消除干扰；

⑥采用其他分析方法避开干扰。

12.2.4.6 其他措施

实验室内的质量控制除上述日常工作外，还需要由质量管理人员对检测结果的准确度、重复性和复现性进行控制，对检测结果的合理性进行判断。

12.2.4.6.1 准确度控制

用标样作为密码样，每年至少考核1～2次；尽可能参加上级部门组织的实验室能力验证和考核。

12.2.4.6.2 重复性控制

按不同类别随机抽取样品，制成双样同批抽查；随机抽取已检样，编成密码跨批抽查；同(跨)批抽查的样品数量应控制在样品总数的5%左右。

12.2.4.6.3 复现性控制

室内互检：安排同一实验室不同人员进行双人比对；

室间外检：分送同一样品到不同实验室，接同一方法进行检测；

方法比对：对同一检测项目，选用具有可比性的不同方法进行比对。

12.2.4.6.4 检测结果的合理性判断

检测结果的合理性判断，是质量控制的辅助手段，其依据主要来源于有关专业知识，以土壤测试为例，其合理性判断的主要依据是：

①土壤元素(养分含量)的空间分布规律，主要是不同类型、不同区域的土壤背景值和土壤养分含量范围；

②土壤元素(养分含量)的垂直分布规律，主要是土壤元素(养分含量)在不同海拔高度或不同剖面层次的分布规律；

③土壤元素(养分含量)与成土母质的关系；

④土壤元素(养分含量)与地形地貌的关系;

⑤土壤元素(养分含量)与利用状况的关系;

⑥各检测项目之间的相互关系。

检测结果的合理性判断,只能作为复验或外检的依据,而不能作为最终结果的判定依据。

12.2.5　实验室间的质量控制

实验室间的质量控制是一种外部质量控制,可以发现系统误差和实验室间数据的可比性,可以评价实验室间的测试系统和分析能力,是一种有效的质量控制方法。

实验室间质量控制的主要方法为能力验证,即由主管单位统一发放质控样品,统一编号,确定分析项目、分析方法及注意事项等,各实验室按要求时间完成并报出结果,主管单位根据考核结果给出优秀、合格、不合格等能力验证结论。

13　测土配方施肥数据汇总与报告撰写

各级测土配方施肥工作承担单位提交本区域年度数据库,包括田间试验数据库、农户调查数据库、土壤采样数据库、土壤样品测试数据库、肥料配方数据库、测土配方施肥效果评价数据库等,填写测土配方施肥工作情况汇总表。同时撰写并提交本区域年度技术报告,主要内容包括:种植业概况(来自县统计数据)、测土情况、田间试验情况、配方推荐情况、配方校验与示范结果、农民测土配方施肥反馈结果、测土配方施肥总体效果、经验与问题、改进办法。

14　耕地地力评价

14.1　资料准备

14.1.1　图件资料(比例尺 1∶50 000)

地形图(采用中国人民解放军总参谋部测绘局测绘的地形图)、第二次土壤普查成果图(最新的土壤图、土壤养分图等)、土地利用现状图、农田水利分区图、行政区划图及其他相关图件。

14.1.2 数据及文本资料

第二次土壤普查成果资料，基本农田保护区划定统计资料，近3年种植面积、粮食单产与总产、肥料使用等统计资料，历年土壤、植物测试资料。

14.2 技术准备

14.2.1 确定耕地地力评价因子

根据全国耕地地力评价因子总集（表附3-5），结合当地实际情况，从六大方面的因子中选取本县耕地地力评价因子。选取的因子应对当地耕地地力有较大的影响，在评价区域内的变异较大，在时间序列上具有相对的稳定性，因子之间独立性较强。

14.2.2 确定评价单元

用土地利用现状图（比例尺为1∶50 000）、土壤图（比例尺为1∶50 000）叠加形成的图斑作为评价单元。评价区域内的耕地面积要与政府发布的耕地面积一致。

14.3 耕地地力评价

14.3.1 评价单元赋值

根据各评价因子的空间分布图或属性数据库，将各评价因子数据赋值给评价单元。对点位分布图，采用插值的方法将其转换为栅格图，再与评价单元图叠加，通过加权统计给评价单元赋值；对矢量分布图（如土壤质地分布图），将其直接与评价单元图叠加，通过加权统计、属性提取，给评价单元赋值；对线形图（如等高线图），使用数字高程模型，形成坡度图、坡向图等，再与评价单元图叠加，通过加权统计给评价单元赋值。

14.3.2 确定各评价因子的权重

采用特尔斐法与层次分析法相结合的方法确定各评价因子权重。

表附 3-5　全国耕地地力评价因子总集

气象	≥0°积温	耕层理化性状	质地
	≥10°积温		容重
	年降水量		pH
	全年日照时数		CEC
	光能辐射总量		有机质
	无霜期		全氮
	干燥度		有效磷
立地条件	经度		速效钾
	纬度		缓效钾
	海拔		有效锌
	地貌类型		有效硼
	地形部位		有效钼
	坡度		有效铜
	坡向		有效硅
	成土母质		有效锰
	土壤侵蚀类型		有效铁
	土壤侵蚀程度		有效硫
	林地覆盖率		交换性钙
	地面破碎情况		交换性镁
	地表岩石露头状况	障碍因素	障碍层类型
	地表砾石度		障碍层出现位置
	田面坡度		障碍层厚度
剖面性状	剖面构型		耕层含盐量
	质地构型		1 m土层含盐量
	有效土层厚度		盐化类型
	耕层厚度		地下水矿化度
	腐殖层厚度	土壤管理	灌溉保证率
	田间持水量		灌溉模数
	冬季地下水位		抗旱能力
	潜水埋深		排涝能力
	水型		排涝模数
			轮作制度
			梯田类型
			梯田熟化年限

14.3.3 确定各评价因子的隶属度

对定性数据采用特尔斐法直接给出相应的隶属度；对定量数据采用特尔斐法与隶属函数法结合的方法确定各评价因子的隶属函数，将各评价因子的值代入隶属函数，计算相应的隶属度。

14.3.4 计算耕地地力综合指数

采用累加法计算每个评价单元的地力综合指数。

$$IFI=\sum(F_i \times C_i)$$

式中：IFI 为耕地地力综合指数（Integrated Fertility Index）；F_i 为第 i 个评价因子的隶属度；C_i 为第 i 个评价因子的组合权重。

14.3.5 地力等级划分与成果图件输出

根据地力综合指数分布，采用累积曲线法或等距离法确定分级方案，划分地力等级，绘制耕地地力等级图。

14.3.6 归入全国耕地地力等级体系

依据《全国耕地类型区、耕地地力等级划分》（NY/T 309—1996），归纳整理各级耕地地力要素主要指标，形成与粮食生产能力相对应的地力等级，并将各等级耕地归入全国耕地地力等级体系。

14.3.7 划分中低产田类型

依据《全国中低产田类型划分与改良技术规范》（NY/T 310—1996），分析评价单元耕地土壤主导障碍因素，划分并确定中低产田类型、面积和主要分布区域。

14.4 耕地地力评价数据汇总与报告撰写

各级耕地地力评价工作承担单位提交本区域年度数据，包括农户调查数据库、采样地基本情况调查数据库、土壤采样数据库、土壤样品测试数据库等。同时撰写并提交本区域年度技术报告，主要内容包括技术报告和评价成果报告。其中，评价成果报告分为耕地地力评价结果报告、耕地地力评价与改良利用报告、耕地地力评价与测土配方施肥报告、耕地地力评价与种植业布局区划报告等。

附录 4　主要作物单位产量养分吸收量

（中国农业大学《肥料手册》编写组）

作物	收获物	形成 100 kg 经济产量所吸收的养分量(kg)		
		氮 (N)	五氧化二磷 (P_2O_5)	氧化钾 (K_2O)
水稻	籽粒	2.25	1.10	2.70
冬小麦	籽粒	3.00	1.25	2.50
春小麦	籽粒	3.00	1.00	2.50
大麦	籽粒	2.70	0.90	2.20
玉米	籽粒	2.57	0.86	2.14
谷子	籽粒	2.50	1.25	1.75
高粱	籽粒	2.60	1.30	1.30
甘薯	鲜块根	0.35	0.18	0.55
马铃薯	鲜块根	0.50	0.20	1.06
大豆	豆粒	7.20	1.80	4.00
豌豆	豆粒	3.09	0.86	2.86
花生	荚果	6.80	1.30	3.80
棉花	籽棉	5.00	1.80	4.00
油菜	菜籽	5.80	2.50	4.30
芝麻	籽粒	8.23	2.07	4.41
烟草	鲜叶	4.10	0.70	1.10
大麻	纤维	8.00	2.30	5.00
甜菜	块根	0.40	0.15	0.60
甘蔗	茎	0.19	0.07	0.30
黄瓜	果实	0.40	0.35	0.55
架芸豆	果实	0.81	0.23	0.68
茄子	果实	0.30	0.10	0.40
番茄	果实	0.45	0.50	0.50

续表

作物	收获物	形成 100 kg 经济产量所吸收的养分量(kg)		
		氮 (N)	五氧化二磷 (P_2O_5)	氧化钾 (K_2O)
胡萝卜	块根	0.31	0.10	0.50
萝卜	块根	0.60	0.31	0.50
卷心菜	叶球	0.41	0.05	0.38
洋葱	葱头	0.27	0.12	0.23
芹菜	全株	0.16	0.08	0.42
菠菜	全株	0.36	0.18	0.52
大葱	全株	0.30	0.12	0.40
柑橘(温州蜜橘)	果实	0.60	0.11	0.40
苹果(国光)	果实	0.30	0.08	0.32
梨(廿世纪)	果实	0.47	0.23	0.48
柿(富有)	果实	0.59	0.14	0.54
葡萄(玫瑰露)	果实	0.60	0.30	0.72
桃(白凤)	果实	0.48	0.20	0.76

注:①一般大田作物包括相应的茎、叶等营养器官的养分数量。②块根、块茎、果实均为鲜重,籽实为风干重。③大豆、花生等豆科作物主要借助根瘤菌固定空气中的氮素,从土壤中吸收的氮素仅占 1/3 左右。

附录5　主要作物养分含量表

%

作物名称	果实			茎叶		
	N	P	K	N	P	K
水稻	1.212	0.300	0.370	0.773	0.130	1.804
玉米	1.465	0.317	0.528	0.748	0.412	1.266
小麦	2.160	0.370	0.425	0.565	0.067	1.280
棉花	3.920	0.628	0.921	1.167	0.245	1.731
油菜	3.966	0.679	1.236	0.782	0.149	1.506
大豆	6.272	0.636	1.713	1.289	0.173	1.287
花生	4.182	0.305	0.723	1.343	0.127	0.841
豌豆	4.377	0.410	1.100	1.400	0.153	0.415
大麦	2.016	0.287	0.838	0.479	0.103	1.099
高粱	1.326	0.385	0.397	0.436	0.170	1.206
谷子	1.456	0.267	0.592	0.595	0.068	1.718
荞麦	1.100	0.180	0.230	0.850	0.310	1.810
蚕豆	3.959	0.534	1.100	4.160	0.100	1.102
红豆	5.850	1.450	2.500	1.195	0.810	0.495
红薯	0.671	0.264	0.596	1.453	0.296	1.333
马铃薯	1.167	0.181	1.259	0.987	0.086	0.668
芝麻	3.028	0.668	0.502	0.386	0.107	2.107
烤烟	2.634	0.184	1.849	1.626	0.286	2.714
甘蔗	0.221	0.048	0.295	0.061	0.081	0.470

附录6 主要有机肥料养分含量表

%

代码	名称	风干基			鲜基		
		N	P	K	N	P	K
A	粪尿类	4.689	0.802	3.011	0.605	0.175	0.411
A01	人粪尿	9.973	1.421	2.794	0.643	0.106	0.187
A02	人粪	6.357	1.239	1.482	1.159	0.261	0.304
A03	人尿	24.591	1.609	5.819	0.526	0.038	0.136
A04	猪粪	2.090	0.817	1.082	0.547	0.245	0.294
A05	猪尿	12.126	1.522	10.679	0.166	0.022	0.157
A06	猪粪尿	3.773	1.095	2.495	0.238	0.074	0.171
A07	马粪	1.347	0.434	1.247	0.437	0.134	0.381
A09	马粪尿	2.552	0.419	2.815	0.378	0.077	0.573
A10	牛粪	1.560	0.382	0.898	0.383	0.095	0.231
A11	牛尿	10.300	0.640	18.871	0.501	0.017	0.906
A12	牛粪尿	2.462	0.563	2.888	0.351	0.082	0.421
A19	羊粪	2.317	0.457	1.284	1.014	0.216	0.532
A22	兔粪	2.115	0.675	1.710	0.874	0.297	0.653
A24	鸡粪	2.137	0.879	1.525	1.032	0.413	0.717
A25	鸭粪	1.642	0.787	1.259	0.714	0.364	0.547

续表

代码	名称	风干基			鲜基		
		N	P	K	N	P	K
A26	鹅粪	1.599	0.509	1.651	0.536	0.215	0.517
A28	蚕沙	2.331	0.302	1.894	1.184	0.154	0.974
B	堆沤肥类	0.925	0.316	1.278	0.429	0.137	0.487
B01	堆肥	0.636	0.216	1.048	0.347	0.111	0.399
B02	沤肥	0.635	0.250	1.466	0.296	0.121	0.191
B04	凼肥	0.386	0.186	2.007	0.230	0.098	0.772
B05	猪圈粪	0.958	0.443	0.950	0.376	0.155	0.298
B06	马厩肥	1.070	0.321	1.163	0.454	0.137	0.505
B07	牛栏粪	1.299	0.325	1.820	0.500	0.131	0.720
B10	羊圈粪	1.262	0.270	1.333	0.782	0.154	0.740
B16	土粪	0.375	0.201	1.339	0.146	0.120	0.083
C	秸秆类	1.051	0.141	1.482	0.347	0.046	0.539
C01	水稻秸秆	0.826	0.119	1.708	0.302	0.044	0.663
C02	小麦秸秆	0.617	0.071	1.017	0.314	0.040	0.653
C03	大麦秸秆	0.509	0.076	1.268	0.157	0.038	0.546
C04	玉米秸秆	0.869	0.133	1.112	0.298	0.043	0.384

续表

代码	名称	风干基			鲜基		
		N	P	K	N	P	K
C06	大豆秸秆	1.633	0.170	1.056	0.577	0.063	0.368
C07	油菜秸秆	0.816	0.140	1.857	0.266	0.039	0.607
C08	花生秸秆	1.658	0.149	0.990	0.572	0.056	0.357
C12	马铃薯藤	2.403	0.247	3.581	0.310	0.032	0.461
C13	红薯滕	2.131	0.256	2.750	0.350	0.045	0.484
C14	烟草杆	1.295	0.151	1.656	0.368	0.038	0.453
C27	胡豆杆	2.215	0.204	1.466	0.482	0.051	0.303
C29	甘蔗茎叶	1.001	0.128	1.005	0.359	0.046	0.374
D	绿肥类	2.417	0.274	2.083	0.524	0.057	0.434
D01	紫云英	3.085	0.301	2.065	0.391	0.042	0.269
D02	苕子	3.047	0.289	2.141	0.632	0.061	0.438
D05	草木犀	1.375	0.144	1.134	0.260	0.036	0.440
D06	豌豆	2.470	0.241	1.719	0.614	0.059	0.428
D07	箭舌豌豆	1.846	0.187	1.285	0.652	0.070	0.478
D08	蚕豆	2.392	0.270	1.419	0.473	0.048	0.305
D09	萝卜菜	2.233	0.347	2.463	0.366	0.055	0.414

续表

代码	名称	风干基			鲜基		
		N	P	K	N	P	K
D17	紫穗槐	2.706	0.269	1.271	0.903	0.090	0.457
D18	三叶草	2.836	0.293	2.544	0.643	0.059	0.589
D22	满江红	2.901	0.359	2.287	0.233	0.029	0.175
D23	水花生	2.505	0.289	5.010	0.342	0.041	0.713
D25	水葫芦	2.301	0.430	3.862	0.214	0.037	0.365
D26	紫茎泽兰	1.541	0.248	2.316	0.390	0.063	0.581
D28	篙枝	2.522	0.315	3.042	0.644	0.094	0.809
D32	黄荆	2.558	0.301	1.686	0.878	0.099	0.576
D33	马桑	1.896	0.190	0.839	0.653	0.066	0.284
D45	山青	2.334	0.268	1.858			
D49	茅草	0.749	0.109	0.755	0.385	0.054	0.381
D52	松毛	0.924	0.094	0.448	0.407	0.042	0.195
E	杂肥类	0.761	0.540	3.737	0.253	0.433	2.427
E02	泥肥	0.239	0.247	1.620	0.183	0.102	1.530
E03	肥土	0.555	0.142	1.433	0.207	0.099	0.836
F	饼肥	0.428	0.519	0.828	2.946	0.459	0.677

续表

代码	名称	风干基			鲜基		
		N	P	K	N	P	K
F01	豆饼	6.684	0.440	1.186	4.838	0.521	1.338
F02	菜籽饼	5.250	0.799	1.042	5.195	0.853	1.116
F03	花生饼	6.915	0.547	0.962	4.123	0.367	0.801
F05	芝麻饼	5.079	0.731	0.564	4.969	1.043	0.778
F06	茶籽饼	2.926	0.488	1.216	1.225	0.200	0.845
F09	棉籽饼	4.293	0.541	0.760	5.514	0.967	1.243
F18	酒渣	2.867	0.330	0.350	0.714	0.090	0.104
F32	木薯渣	0.475	0.054	0.247	0.106	0.011	0.051
G	海肥类	2.513	0.579	1.528	1.178	0.332	0.399
H	农用废渣液	0.882	0.348	1.135	0.317	0.173	0.788
H01	城市垃圾	0.319	0.175	1.344	0.275	0.117	1.072
I	腐殖酸类	0.956	0.231	1.104	0.438	0.105	0.609
I01	褐煤	0.876	0.138	0.950	0.366	0.040	0.514
J	沼气发酵肥	6.231	1.167	4.455	0.283	0.113	0.136
J01	沼渣	12.924	1.828	9.886	0.109	0.019	0.088
J02	沼液	1.866	0.755	0.835	0.499	0.216	0.203

注：据全国有机肥品质调查汇总得出，供计算有机肥养分折纯量参考。

附录 7　化学肥料性质与特点

化学肥料性质与特点——氮肥

肥料名称	含氮量（%）	性　质	施用特点
尿素	44～46	白色或淡黄色针状结晶。一般加防湿剂制成小米状颗粒。易吸湿空气中水汽，也易溶解于水。溶解过程强烈吸热。为酰胺态氮。施入土壤后会被微生物转化成碳酸铵或碳酸氢铵	适于各种土壤和作物。由于开始施入后土壤吸附较少，应避免大雨前施入。在稻田施用后要停水 3～5 d，待尿素转变为碳酸铵或碳酸氢铵，被土壤吸附后再灌水。要采取“少量多餐”的措施 。作种肥时，用量要少，施得要匀，最好使种子与肥料保持 7～10 cm 距离。适于作根外追肥。根外追肥的浓度是：稻、麦等禾谷类作物 1.5%～2%，蔬菜 1.0%，果树 0.5%
硝酸铵	32～35	白色结晶，有吸湿性及爆炸性。易溶于水，溶解过程强烈吸热。应保存于干燥阴凉处，避免麸糠、煤油等有机杂质混入。结块时应轻轻敲碎	适于各种作物。所含硝态氮不能被土壤胶体吸附，容易流失，因此不宜在水稻田使用，也不宜在大雨或灌溉前施用，防止随水流失。宜作追肥，也要采取“少量多餐”的措施。在石灰性、碱性土壤施用，要深施盖土。不要与碱性物质混合。要用一袋开一袋，如一袋未用完，应放在筒或缸内加盖防潮

续表

肥料名称	含氮量（%）	性　质	施用特点
氯化铵	24～25	白色或淡黄色结晶。化学中性，生理酸性。性质稳定。吸湿性小	基本同硫铵。不宜在盐碱地施用。不宜用于烟草、甘薯、马铃薯、葡萄等忌氯作物
碳酸氢铵	17	白色、灰白色或褐色结晶或细粒。有刺鼻的氨臭。高温高湿时极易分解挥发，溶于水后较稳定。有吸湿性。溶解性差	要保存在低温、干燥的地方，不让风吹日晒。不要与种子同库。一般作基肥。旱地可结合犁地深施，水田在最后一次耙田时撒施。作种肥应在播种行旁开沟条施或穴施，施后立即盖土。作追肥也要开沟，或挖穴深施。施用时不要把肥料撒到茎叶上。也可结合灌水，随水流送
氨水	15～17	液体，纯者无色，有时因含杂质而呈黑色或黄绿色。强碱性，极易挥发。对铜、铝制品有腐蚀性。溶入大量水或用土吸收后挥发性减弱	贮存时要防挥发、防渗漏、防腐蚀。贮存的容器没有裂缝，里面最好再涂一层沥青，装上氨水的要密封起来

化学肥料性质与特点——磷肥

肥料名称	含磷量（%）	性　质	施用特点
过磷酸钙	14～20	灰白色或黑色粉末，稍有酸味。酸性。在石灰性土壤上易与钙化合成不溶性钙盐。有效成分以水溶性为主	不宜与碱性肥料混合贮存。适于各种土壤和各种作物。在酸性土壤上要先施石灰，6～7 d 后再施用。为了防止土壤固定，可与少量有机肥混合施用。一般用作基肥、种肥集中条施。如来不及作基肥、种肥，应及早追施。用 1%～2% 浓度的溶液对小麦、玉米、棉花、果树等叶面喷施，有良好效果
钙镁磷肥	16	灰褐色或绿色粉末。碱性。有效成分为柠檬酸溶性的。不吸湿，易保存，运输方便	肥效较慢。宜作基肥，不宜作追肥。最好与堆肥混合堆沤施用。深施在作物根系分布最多的土层效果较好。适宜于酸性土壤。在石灰性土壤上效果略低于过磷酸钙
脱氟磷肥	25～30	灰白色或灰黑色的颗粒或粉末。不易吸水，无腐蚀性。所含磷素大部分为柠檬酸溶性的	同钙镁磷肥

化学肥料性质与特点——钾肥

肥料名称	含钾量（%）	性质	施用特点
硫酸钾	48～52	白色结晶，易溶于水，吸湿性很小，贮存时不结块。化学中性，生理酸性	可作基肥、种肥、追肥。钾素一般可被土壤吸附，不会流失，但在保肥能力差的沙土上也要采取“少量多餐”的措施。应首先用在甜菜、马铃薯、红薯等喜钾作物上。在酸性土壤施用应注意施石灰
氯化钾	50～60	白色结晶，工业产品略带黄色。化学中性，生理酸性。易溶于水，吸湿性小	作基肥、追肥均可。对土壤酸化程度较硫酸钾为重，酸性土壤上要注意施石灰。除对烟草、薯类等忌氯作物不宜施外，其他作物均可施用

化学肥料性质与特点——复合肥料

肥料名称	养分含量			性　质	施用特点
	氮	磷	钾		
磷酸一铵（安福粉）	11～12	56		一般灰色，多制成粒状。无腐蚀性，溶解性差	所含养分以磷为主。可用作基肥或种肥。作种肥可与种子混在一起，不会烧苗。由于磷多氮少，要注意补施氮肥，用量可比过磷酸钙少1/3～1/2
磷酸二铵（重安福粉）	20～21	46～53			
硝酸钾	13～15	45～46		白色结晶。易溶解，有吸湿性。化学反应与生理反应均属中性	肥效快，可作种肥、追肥。在缺钾的沙质土壤及漏肥土壤上，要采用“少量多餐”的措施

附录 8　微量元素肥料缺肥症状与施肥方法

肥料种类	缺肥土壤	缺肥症状	施肥方法
硼肥 硼酸(17.5%) 硼砂(11.3%) 硼镁肥(1.4%) 硼泥(1%)	石灰性土壤，地下水位高的沙滩地、多雨地区的酸性土壤	小麦穗子空瘪，棉花不结铃，油菜“花而不实”，豆类根部结瘤差。果树小枝生长点死亡，果实表面有黑色斑块，落果严重	①浸种、拌种：浸种用 0.01%～0.02% 硼砂溶液浸 5 h。拌种浓度稍大。②喷施：用 0.02%～0.1%溶液。小麦孕穗期、油菜薹花期、棉花蕾期、果树盛花期喷 1～3 次。③根施：大田每亩用硼砂 0.5～0.75 kg，果树 0.1～0.15 kg/株，结合深翻施下
锰肥 硫酸锰(27%) 氯化锰(17%) 钢铁厂 炉渣(1%～5%)	黄土母质上发育的土壤，轻质石灰性土壤	苹果、柑橘、桃、葡萄、番茄易发病。主要表现为幼嫩叶片叶脉间失绿，从叶缘起向中间发展，严重时叶尖变枯	豆科作物和磷肥配合，非豆科作物和氮、磷配合效果好。与酸性化肥混施以减少固定。①根施：每亩硫酸锰 1 kg。②拌种：每千克种子用 4～8 g。③浸种、喷施：以 0.1%为宜，浸种 12 h，喷施加尿素有助叶片吸收，时间在花期前
钼肥 钼酸铵(54%)	黄土母质上发育的土壤，轻质石灰性土壤，冲积沙土	豆科作物结瘤不良，固氮作用减弱；番茄叶色变浅，叶缘上卷；甜菜叶色变白	豆科、十字花科作物施钼肥效果极显著。①处理种子：0.1%溶液浸种 12 h。每千克种子用 2 g 拌种。②喷施：浓度 0.01%～0.1%，苗期与花期都喷效果好

续表

肥料种类	缺肥土壤	缺肥症状	施肥方法
锌肥 硫酸锌(23%) 氯化锌(48%)	石灰生土壤，新平整的生土地，沙质中积土，磷素丰富的土壤	玉米幼苗呈白色，苗期叶脉间失绿，呈黄白条带状，后期果穗小，缺粒秃尖。烟草叶缘现黄白病斑，叶变小。辣椒叶脉及叶缘变黄白，苹果、梨叶变小，色不匀，节间缩短。桃叶变小、变细，叶色暗	①根施：每亩 0.75～1.5 kg，与酸性肥料混合深施。勿与磷肥混施。②处理种子：用 0.02%～0.05%溶液浸种，每千克种子用 2～6 g 拌种。③喷施：用 0.1%～0.5%溶液，加少量熟石灰可避免药害，可与杀虫剂合喷
铜肥 硫酸铜(26%) 炼铜矿渣	含大量有机质的沼泽化土壤和泥炭土	谷类穗芒发育不全，有时大量分蘖不抽穗。洋葱鳞片变薄。番茄卷叶、不开花	用 0.02%～0.05%硫酸铜溶液喷施或浸种

注：括弧内为肥料元素的含量。

附录9 常用化肥特性及施用技术要点歌

（农业部测土配方施肥办公室）

铵态氮肥

铵态氮肥较常用，主要特性水能溶。
铵根离子带阳电，阴电土粒相互拥。
硝化作用变硝氮，提高氮肥有效性。
与碱混合铵变氨，氨气挥发不肥田。

①碳酸氢铵

碳酸氢铵偏碱性，施入土壤变为中。
含氮十六至十七，各种作物都适宜。
高温高湿易分解，施用千万要深埋。
牢记莫混钙镁磷，还有草灰人尿粪。

②硫酸铵

硫铵俗称肥田粉，氮肥以它作标准。
含氮高达二十一，各种作物都适宜。
生理酸性较典型，最适土壤偏碱性。
混合普钙变一铵，氮磷互补增效应。

③氯化铵

氯化铵，生理酸，含量二十五个氮。
施用千万莫混碱，用于种肥出苗难。
牢记红薯马铃薯，烟叶甜菜都忌氯。
重用棉花和水稻，掺和尿素肥效高。

硝态氮肥

硝态氮肥问世早，用作追肥肥效高。
主要养分为氮素，钠钙离子也起效。
硝根离子带阴电，土壤胶粒吸附难。

但易水溶肥效快，吸湿性强易爆燃。

①硝酸钠

智利硝石硝酸钠，多在旱地施用它。
最适作物为甜菜，还有萝卜和亚麻。
含氮较低为十五，也适其他农作物。
生理反应呈碱性，盐碱水地不要用。

②硝酸钙

挪威硝石硝酸钙，常温之下不分解。
含氮十四生理碱，易溶于水呈弱酸。
各类土壤都适用，最好施于缺钙田。
最适作物马铃薯，甜菜大麦和稻谷。

铵态硝态氮肥

铵态硝态为一体，称为铵态硝态肥。
典型代表为硝铵，氮肥家族谓骨干。
硫硝酸铵新型肥，含量可达二十七。
硝酸铵钙有前途，能够中和酸碱度。

①硝酸铵

硝酸铵、生理酸，内含三十四个氮。
铵态硝态各一半，吸湿性强易爆燃。
施用最好作追肥，不施水田不混碱。
掺和钾肥氯化钾，理化性质大改观。

②硫硝酸铵

硫硝酸铵为复盐，易溶于水呈弱酸。
含氮可达二十七，铵氮硝氮三比一。
只因含有铵态氮，千万莫混碱性肥。
适应各种农作物，用作追肥最适宜。

③硝酸铵钙

硝酸铵钙为复盐，又名石灰硝酸铵。

由于含有碳酸钙，减轻结块和爆燃。
一般含氮二十二，易溶于水呈弱碱。
铵氮硝氮各一半，混施普钙肥效减。

酰胺、氰氨态氮肥

酰胺氮肥如尿素，没有离子能吸附。
脲酶作用变碳铵，然后浇水肥效速。
氰铵氮肥石灰氮，入土变为氰氨盐。
接着转化为尿素，再变碳铵需七天。

①尿素

尿素性平呈中性，各类土壤都适用。
含氮高达四十六，根外追肥称英雄。
施入土壤变碳铵，然后才能大水灌。
千万牢记要深施，提前施用最关键。

②石灰氮

石灰氮，有毒性，杀虫灭菌有作用。
掺土堆沤变尿素，黑色粉末质地轻。
含氮二十性偏碱，莫混普钙铵态氮。
接触皮肤要冲洗，莫施十字花科地。

液态氮肥

液态氮肥氮溶液，氨水液氨为液体。
目前虽说用量少，发展前景大无比。
原因设备较简单，便于生产成本低。
施肥易于机械化，廉价省工又省力。

①氨水

用水吸收合成氮，生成氨水性为碱。
腐蚀性强能杀虫，贮运密封保安全。
施用得当似硫铵，随水灌溉较方便。

无论水田及旱地，强调深埋是关键。

②液氨

液氨来自气体氨，加压降温成液氨。
沸点很低性为碱，遇氯溴碘易爆燃。
施入土壤吸附快，关键做到要深埋。
贮运要求用钢瓶，不戴罩帽不能用。

③氮溶液

几种氮肥溶于水，直接生成氮溶液。
挥发性小性偏碱，加入磷钾成复肥。
贮运施用都方便，发展前景很可观。
施用方法似氨水，牢记深埋是一环。

微量元素

微量元素硼和锰，还有锌钼铁氯铜。
这些元素虽说少，所起作用可不小。
一能促进氮代谢，使其合成高蛋白。
二使作物能固氮，还能参与磷代谢。
微量元素性不同，施用各有各的用。
要想使其显奇功，请看下面的特性。

①硼肥

常用硼肥有硼酸，硼砂已经用多年。
硼酸弱酸带光泽，三斜晶体粉末白；
有效成分近十八，热水能够溶解它。
四硼酸钠称硼砂，干燥空气易风化；
含硼十一性偏碱，适应各类酸性田。
作物缺硼植株小，叶片厚皱色绿暗。
棉花缺硼蕾不花，多数作物花不全。
增施硼肥能增产，关键还需巧诊断。
麦棉烟麻苜蓿薯，甜菜油菜及果树；

这些作物都需硼，用作喷洒浸拌种。
浸种浓度掌握稀，万分之一就可以。
叶面喷洒作追肥，浓度万分三至七。
硼肥拌种经常用，千克种子一克肥。
用于基肥农肥混，每亩莫过一千克。
②钼肥
常用钼肥钼酸铵，五十四钼六个氮。
粒状结晶易溶水，也溶强碱及强酸。
太阳曝晒易风化，失去晶水以及氨。
作物缺钼叶失绿，首先表现叶脉间。
豆科作物叶变黄，番茄叶边向上卷。
柑橘失绿黄斑状，小麦成熟要迟延。
最适豆科十字科，小麦玉米也喜欢。
不适葱韭等蔬菜，用作基肥混普钙。
每亩只需用二两，严防施用超剂量。
经常用于浸拌种，根外喷洒最适应。
浸种浓度千分一，根外追肥也适宜。
拌种千克需四克，兑水因种各有异。
还有钼肥钼酸钠，含钼有达三十八。
白色晶体易溶水，酸地施用加石灰。
③锰肥
常用锰肥硫酸锰，结晶白色或淡红。
含锰二六至二八，易溶于水易风化。
作物缺锰叶肉黄，出现病斑烧焦状。
严重全叶都失绿，叶脉仍绿特性强。
对照病态巧诊断，科学施用是关键。
一般亩施三千克，生理酸性农肥混。
拌种千克用八克，二十克重用甜菜。

浸种叶喷浓度同，千分之一就可用。
另有氯锰含十七，碳酸锰含三十一。
氯化锰含六十八，基肥常用锰废渣。
对锰敏感作物多，甜菜麦类及豆科；
玉米谷子马铃薯，葡萄花生桃苹果。

④锌肥

常用锌肥硫酸锌，按照剂型有区分：
一种七水化合物，白色颗粒或白粉；
含锌稳定二十三，易溶于水为弱酸。
二种含锌三十六，菱状结晶性有毒。
最适土壤石灰性，还有酸性沙质土。
适应玉米和甜菜，稻麻棉豆和果树。
是否缺锌要诊断，酌情增锌能增产。
玉米对锌最敏感，缺锌叶白穗秃尖。
小麦缺锌叶缘白，主脉两侧条状斑。
果树缺锌幼叶小，缺绿斑点连成片。
水稻缺锌草丛状，植株矮小生长慢。
亩施莫超两千克，混合农肥生理酸。
遇磷生成磷酸锌，不易溶水肥效减。
玉米常用根外喷，浓度一定要定真。
若喷百分零点五，外添一半石灰熟。
这个浓度经常用，还可用来喷果树。
其他作物千分三，连喷三次效明显。
拌种千克四克肥，浸种一克就可以。
另有锌肥氯化锌，白色粉末锌氯粉。
含锌较高四十八，制造电池常用它。
还有锌肥氧化锌，又叫锌白锌氧粉。
含锌高达七十八，不溶于水和乙醇。

百分之一悬浊液，可用秧苗来蘸根。
能溶醋酸碳酸铵，制造橡胶可充填。
医药可用作软膏，油漆可用作颜料。
最好锌肥螯合态，易溶于水肥效高。

⑤铁肥

常用铁肥有黑矾，又名亚铁色绿蓝。
含铁十九硫十二，易溶于水性为酸。
南方稻田多缺硫，施用一季壮一年。
北方土壤多缺铁，直接施地肥效减。
应混农肥人粪尿，用于果树大增产。
施用黑矾五千克，二百千克农肥掺。
集中施于树根下，增产效果更可观。
为免土壤来固定，最好根外追肥用。
亩需黑矾二百克，兑水一百千克整。
时间掌握出叶芽，连喷三次效果明。
也可树干钻小孔，株塞两克入孔中。
还可针注果树干，浓度百分零点三。
作物缺铁叶失绿，增施黑矾肥效速。
最适作物有玉米，高粱花生大豆蔬。

⑥铜肥

目前铜肥有多种，溶水只有硫酸铜。
五水含铜二十五，蓝色结晶有毒性。
应用铜肥有技术，科学诊断看苗情。
作物缺铜叶尖白，叶缘多呈黄灰色。
果树缺铜顶叶簇，上部顶梢多死枯。
认准缺铜才能用，多用基肥浸拌种。
基肥亩施一千克，可掺十倍细土混。
重施石灰沙壤土，土壤肥沃富钾磷。

麦麻玉米及莴苣，洋葱菠菜果树敏。
浸种用水十千克，兑肥零点两克准。
外加五克氢氧钙，以免作物受毒害。
根外喷洒浓度大，氢氧化钙加百克。
掺拌种子一千克，仅需铜肥为一克。
硫酸铜加氧化钙，波尔多液防病害。
常用浓度百分一，掌握等量五百克。
铜肥减半用苹果，小麦柿树和白菜。
石灰减半用葡萄，番茄瓜类及辣椒。
由于铜肥有毒性，浓度宁稀不要浓。

参考文献

[1] 农业部种植业管理局,全国农业技术推广中心．测土配方施肥技术问答．北京:中国农业出版社,2005.

[2] 汪李平,黄树苹．蔬菜科学施肥．北京:金盾出版社,2007.

[3] 吴玉光,刘立新,黄德明．化肥使用指南．北京:中国农业出版社,2000.

[4] 陆景陵,陈伦寿,曹一平．科学施肥必读．北京:中国林业出版社,2007.

[5] 楮天铎,等．化肥科学使用指南．北京:金盾出版社,2002.